戈壁大冒险

张玉光 / 著　　央美阳光 / 绘

青岛出版集团 | 青岛出版社

图书在版编目（CIP）数据

恐龙化石会说话.4,戈壁大冒险 / 张玉光著. — 青岛：青岛出版社,2023.2
ISBN 978-7-5736-0607-5

Ⅰ.①恐… Ⅱ.①张… Ⅲ.①恐龙－青少年读物Ⅳ.①Q915.864-49

中国版本图书馆CIP数据核字（2022）第227039号

	KONGLONG HUASHI HUI SHUOHUA · GEBI DA MAOXIAN
书　　名	**恐龙化石会说话·戈壁大冒险**
著　　者	张玉光
出版发行	青岛出版社（青岛市崂山区海尔路182号）
本社网址	http://www.qdpub.com
策　　划	张化新
责任编辑	谢欣冉
责任校对	朱凤霞
装帧设计	央美阳光
印　　刷	青岛新华印刷有限公司
出版日期	2023年2月第1版 2023年2月第1次印刷
开　　本	16开（787mm×1092mm）
印　　张	32
字　　数	600千
书　　号	ISBN 978-7-5736-0607-5
定　　价	136.00元（全4本）

编校印装质量、盗版监督服务电话　4006532017

推荐序

　　博物馆是人类了解历史、开启未来世界的文化殿堂；自然博物馆更是呈现大自然缤纷样貌、激发人们探索兴趣的课堂。因此，每逢节假日，自然博物馆门口总是人流如潮，一张张稚嫩的脸庞上荡漾着难掩的兴奋与激动。他们对人类生存的世界充满无穷的好奇心和无尽的想象力，纷纷前来博物馆寻找星际空间的流星雨，认识中生代的长脖子大恐龙、首次飞天的始祖鸟，感受非洲大草原角马大迁徙、狮豹大战的宏大场面，欣赏热带雨林"植物绞杀"的生存奇观……这里不仅能为他们解惑释疑、破解谜团，更重要的是能激发他们去探索自然界深藏的奥秘，由此个个成为"自然小卫士""恐龙小达人""小小达尔文"。每逢想到此情此景，我会由衷地为他们感到高兴，欣喜自己还能为他们的成长做些微不足道的益事。科学普及要从娃娃抓起，这已成为我长期坚守的信念。当出版社的老友力邀我为同事张玉光研究员新完成的科普力作作序，我欣然应约。

　　拿到这套《恐龙化石会说话》一辑四册书稿，我极力调整自己的情绪，希望用孩童般求知的心态去打开故事书的每一页，没想到读罢每一节故事之后，其中的真人、真事和真情深深吸引了我，留给我的是接着读下去的期待。因此，我认为它不只是一套儿童科普读物，也是启迪孩子们努力探索未知的自然世界的"指路明灯"。

　　和张玉光在一起工作十几年，我自认为能比较全面地了解他的做事风格和为人。书中的背景故事都是他长年累月工作的缩影，他并没有把单调的工作当成一种负担，反而苦中作乐，变换了一个新的视角，把自己的亲身体验和感受通俗、乐观地呈现给读者，让读者透过文字感受到认识、探索自然所带来的那份美好的力量。这份真实、真情是十分难能可贵的，恐怕也是小读者要去寻找和体会的。

　　作为一位以科研、科普为主要内容的工作者，读罢该书我尚有此番感受，想必孩子们用细腻的情感和纯洁的心灵去解读，也定会有超乎寻常的体味与收获。

　　谨以此序作为阅读这套书的铺垫，我深信这套书会让你们增长知识和智慧。

北京自然博物馆馆长

前言

如果把漫长的地球历史看作一天，那么恐龙生存了大约50分钟，而人类的出场时间只有约短短5秒。显然，在地球的"记忆"里，恐龙留下了浓墨重彩的一笔。

在2.3亿年前的三叠纪，恐龙登上了"演化舞台"，不断发展壮大，成为中生代演化得最成功的生命。不料，突如其来的一场大灭绝摧毁了恐龙，让它们失去了一切，甚至没人知道它们辉煌的过往。直到19世纪，人们才发现，原来我们居住的星球上存在过如此神奇的动物。

人们是如何了解这些不可能重现的史前动物的呢？通过恐龙化石。恐龙化石是证明它们确实存在过的直接证据，向我们讲述了这些神奇生命的外貌、生活习性、演化过程……

作为一名古生物科研人员，我与恐龙化石已经有20多年的"交情"。我和这位"老朋友"之间有许多浪漫、神奇甚至惊险的故事。

应出版社邀约，带着些许寄托与期待，我将这些故事——准确地说是我的亲身经历编织起来，以《恐龙化石会说话》一辑四本书的形式呈现在各位读者的眼前。在这套书里，我将带领你们走进已经消失的恐龙世界，为你们讲述那些发生在恐龙身上的真实故事。当然，除了我，这套书里还有很多主角——一群可爱的孩子。他们和各位读者一样，对恐龙充满了好奇，想了解很多有关恐龙的知识。他们充满童趣的语言和天马行空的想法令我时而捧腹大笑，时而陷入沉思。当读完本套书，你们也许会和我有相似的感受。

希望读者朋友们喜欢这套书，并能从中学到一些知识。这会增加我继续为大家写作下去的动力和勇气。

北京自然博物馆副馆长、研究员　　王玉龙

目录

推荐序

前言

主要人物介绍

神秘来信 1

降龙十八掌 9

FM计划 18

窃蛋龙冤案 30

育儿有秘诀 42

草原雕大战蝮蛇 52

脚印之谜 61

遭遇野狼 70

亚洲短手战士 76

智斗"化石大盗" 85

有趣的新成员 96

十年之约 110

告诉你答案 121

主要人物介绍

张玉光教授

一位研究古生物的科学家，喜欢向孩子们传授古生物知识。他知识渊博、童心未泯，能把枯燥的知识讲得生动有趣。

宝音

蒙古导游。他身材魁梧，留着长胡子，穿着一身蒙古长袍，是个豪爽的蒙古汉子，也是草原上的顶级猎手。

小宝

张教授的儿子。他是个10多岁的男孩儿，了解许多关于恐龙的知识，既聪明又调皮。

汉斯

一个学识渊博、幽默风趣的美国恐龙专家。他是张老师的老朋友和好搭档，很擅长讲故事。

安东尼奥

来自意大利的古生物研究者。他热情、浪漫，对夸赞别人很有一套。

艾米丽

汉斯的女儿，是个金发碧眼的小姑娘。她具有冒险精神，掌握一些野外生存技能。

罗胖

一个五年级的小男孩。他爱好广泛，尤其痴迷于美食、摄影和古生物，是一个幽默的小胖子。

神秘来信

　　一天早上，北京自然博物馆传达室的李师傅递给我一个很厚实的大信封，信封上有一个大大的影业公司标志。我感到很疑惑：电影公司为什么会给我寄信呢？

　　到办公室后，我立刻打开了信封，发现里面装着一摞厚厚的照片，照片里多是一些为电影拍摄摆放的恐龙骨架和高大的植物。我的视线定格在一张照片上：一个美国人露出了灿烂的笑容，怀抱一只异常逼真的伶盗龙，背靠着一只笨笨的原角龙；一个小姑娘站在他旁边，年龄看上去也就10多岁，和我的儿子小宝差不多大。

（编者注：配图及其对话均为对故事情节的演绎和再创作，全书同。）

照片中还夹着一封手写信：

亲爱的张，时间过得真快呀！上次我们一起在蒙古国探险已经是15年前的事了。这些年我因为各种原因未能再次踏上那个美丽的国度。不过，今年夏天终于有机会了。我和我的女儿即将在一部恐龙科幻大片中出演一对热爱恐龙的父女。为了帮助女儿更好地融入角色，我决定带着她再去一趟蒙古国。15年过去了，不知道你是否记得我们当初在蒙古国的约定。希望我们能再次相聚在乌兰巴托！

真是怀念呀！

看到这封信，我顿时愣住了：天呀！我和汉斯一起在蒙古国野外探险已经是15年前的事了。15年是不长也不短的时间。虽然在生物演化上这个时间可以忽略不计，但是它可以让一个呱呱坠地的男婴变成一个翩翩美少年，也可以让风华正茂的年轻小伙子变成中年大叔。此时，我不禁感慨：真的已经过去15年了吗？现在想一想，那次经历的很多事还历历在目呢。我的思绪不由得飘回到15年前……

当时，我要提交博士论文，而我的研究方向是鹦鹉嘴龙的迁徙路线。鹦鹉嘴龙是蒙古国白垩纪时期较为常见的一种恐龙，因此我和师兄决定去蒙古国搜集鹦鹉嘴龙的化石。有一次，我们的向导因为有事没有跟着我们，然后我们就在野外迷了路，加上当时设备有限，把我俩给急坏了。天无绝人之路，当时我们刚好碰到一个开着越野车的美国小伙儿——汉斯。汉斯也是来寻找恐龙化石的，他的研究方向是伶盗龙化石。看他独自一人在这戈壁中艰难地寻找化石，我和师兄决定邀请汉斯加入我们的队伍。

几天下来，我发现汉斯不但学识渊博，而且幽默风趣。

"张，赶快和我一起寻找化石吧！"

"嘘，小点儿声，你就不怕招来野兽吗？"

"野兽？它们正忙着和美女约会呢，根本无暇顾及我们！哈哈！"

还有一件事我至今还记得。一天夜里，我被一阵骆驼的嘶鸣声惊醒了，起初以为是小偷惊动了骆驼，便赶紧跑出去查看，没想到竟发现汉斯在和骆驼交流着什么。他看我走了过来，就笑着说："张，双峰骆驼的皮毛特别柔软舒适，坐在上面太温暖了。况且，骆驼不受地形限制，在条件如此艰苦的戈壁上也能自如地行走，还可以帮人们运送物品，太有趣了！明天我也要租骆驼！"

"是啊，最重要的是不用担心没油。你的越野车要是没了油，就开不了了，在这荒漠里找个加油站太难了。"我说。

骆驼是沙漠中最好的交通工具。

可惜的是，没过几天，汉斯不得不返回美国。当时他还没有找到伶盗龙化石，就带着遗憾离开了蒙古国。我和汉斯互相留下了对方的联系方式，然后约定有机会再一起来蒙古国寻找伶盗龙化石。

回国后，我继续我的研究，慢慢地忘记了和汉斯的约定，直至看到这封信。

我从回忆中走出来，不禁笑了。为了15年前的约定，也为了帮助汉斯完成挖掘伶盗龙化石的心愿，我决定再去一趟蒙古国。而且，这几年我手头研究的化石材料也正需要和那边的化石进行比对，万一运气好，或许我们在蒙古国会有新的发现呢！

我拿着这封信找到我的儿子小宝，他和罗胖正在北京自然博物馆里观察恐龙呢。

"小宝，你愿不愿意和爸爸一起去蒙古国见老朋友呢？来，给你看这张照片。"我将手中的照片递给小宝。

罗胖夺过照片："哇，有一个漂亮的外国小妹妹呀！我也要去！"

小宝看了一眼罗胖："罗胖，我们去纽约好不好？我一直想去美国自然历史博物馆呢。我不去蒙古国，我可不想去那里吃土！"

我赞成去蒙古国！

"小宝，纽约是高楼林立的大都市，不能挖掘恐龙化石呀！在蒙古国，咱们说不定能挖到完整的恐龙化石哟。"我说。

小宝转了转眼睛，点点头："好吧，我们还是去蒙古国吧！去年暑假我和爸爸在新疆挖到的都是些化石碎片。我张小宝可是少年恐龙化石专家，得挖出大化石才行！"

"化石专家？我怎么没看出来啊？你挖出什么化石了吗？还是有啥重大发现？只挖出一些零零散散的化石可称不上什么恐龙化石专家呢！"罗胖嘲笑着小宝。

"所以，这次我一定要挖一具完整的恐龙化石出来！老爸，我要去蒙古国。"

"蒙古国之行带上我吧！我要去看看你这位专家是如何挖掘化石的。"罗胖立刻说。

你就做些敲敲打打的活儿。

那跟我是同行啊。

我估算了一下出国前办理相关手续所需的时间，便立刻给汉斯回复了一封电子邮件，还和他约定了去蒙古国的日期。

终于，我、小宝和罗胖来到了蒙古国的乌兰巴托。乌兰巴托不仅是蒙古国的首都，还是政治、文化和经济中心。

走出候机厅，你会发现这里的天空碧蓝如洗，恍惚让人以为看到的是南太平洋的海水。远处几朵厚厚的白云点缀在天边，像是一个个飘荡在大海里的白帆。此时，迎面走来一群穿着蒙古长袍的商贩，古铜色的脸上露出友好、憨厚的笑容，操着生硬的中文向我们推销自家的特产。我摆了摆手，表示拒绝。这次我们看到很多会说中文的当地人，但我记得上次来蒙古国的时候，基本看不到会说中文的蒙古国人。

小宝四处张望。在我们右手边的方向，他发现一个人举着写有我名字的牌子，那个人正是汉斯。这些年他几乎没变样，只是看上去有中年男性的感觉了。旁边那个金发碧眼的小姑娘应该就是他的女儿。

"张，我在这里。这么久不见，你都是一个中年人了。时间过得可真快啊！"汉斯说着就给了我一个大大的拥抱。

"汉斯，你看起来倒是没怎么变！"我寒暄着。

"你们好，我叫艾米丽，来自美国西雅图，见到你们很高兴！"小姑娘一边和旁边的罗胖、小宝握手一边说。

"你好，我叫罗胖！我来自中国北京。"

"我叫小宝，也是北京人。"小宝大声说。

"我还没去过北京呢！我对北京的故宫、长城以及神秘的北京自然博物馆向往已久。我听爸爸说，馆里有长着长脖子的马门溪龙！我特别想去看看中国的恐龙明星，顺便尝一尝正宗的北京烤鸭。"艾米丽对中国还是很了解的。

"这些愿望我都可以帮你实现！"小宝笑嘻嘻地说。

"欢迎你来北京玩儿，到时我会全程陪同，费用我也全包了！"罗胖总喜欢在女生面前摆出一副"财大气粗"的样子。不过，艾米丽好像没怎么听明白，所以并未表现出惊喜与兴奋。

我猜你知道

蒙古国的首都是（　　）。

A. 乌兰巴托　　　B. 伊斯兰堡　　　C. 新德里　　　D. 阿斯塔纳

降龙十八掌

一番寒暄之后，我们没有在乌兰巴托过多停留，而是直接向火焰崖进发。

火焰崖位于蒙古国的戈壁。这片红色的土地不仅是蒙古国著名的旅游景点，还是探寻恐龙化石的好地方，许多古生物学家在这里发现了珍贵的化石，比如窃蛋龙、伶盗龙和原角龙等多种恐龙的化石，还有神奇的"蛋窝化石"。

我们计划先开越野车到火焰崖，之后再骑上骆驼去寻找化石。汉斯带领

我们走到一辆越野车前，一个人从越野车上走下来。他身材魁梧，穿着蒙古长袍，皮肤粗糙黝黑，还留着长胡子，一看就是典型的蒙古汉子。他用并不熟练的汉语向我们介绍着自己："大家好，我叫宝音。我将作为向导陪你们一起前往火焰崖。必要时，我还可以当你们的保镖！"

"保镖？"3个孩子同时张大了嘴巴。

"我们会遇到什么危险吗？"艾米丽问宝音大哥。

挖化石还要带保镖吗？

"当然，在戈壁滩什么事情都可能发生！我曾经见过一只熊叼着一个小羊崽，那只熊的体形和人差不多大！"宝音大哥严肃地说。

"啊，真的吗？我可不想成为熊的点心！我还是留在乌兰巴托吧！"罗胖有点害怕地说。

"放心吧！熊喜欢吃瘦肉，你这一身肥肉可能入不了熊的嘴！"小宝调侃着罗胖。

我们在当地的商店又买了一些日用品和食物，然后直接出发了。

对从未踏足戈壁的人来说，这里的恶劣条件难以想象。戈壁气候是极端大陆性和干燥的：冬季严寒，春季干冷，夏季温暖；年气温升降幅度相当大，1月份平均气温低至-40℃，而7月份平均气温高达45℃。

放眼望去，整个旷野只有我们6个人，但是我们并不孤单。天空中时不时有苍鹰飞过，戈壁上忽隐忽现几只狐狸的身影，偶尔还有灵巧的野兔跑过。这里比较常见的动物是蒙古黄羊。从乌兰巴托一路走来，我们目睹了一群又一群黄羊。它们随草迁徙，为这片荒凉的大地带来了一丝生机。

虽然环境有些艰苦，但是3个孩子都很兴奋。艾米丽开始对这片戈壁进行赞美："太壮观了，戈壁充满了原始粗犷的美！"

真壮观呀！

"天哪！这里是仙境吗？看呀，我们脚下的花儿引来俄罗斯的蝴蝶，即使跋山涉水也要和它相遇。"小宝大声朗诵着不知道从哪里看到的句子。

"小宝，这里没有蝴蝶，更没有花朵，只有石头、动物的粪便和苍蝇。"罗胖的描述把大家拉回了现实。

"罗胖，你真的很无趣！在女生面前你能不能含蓄一点！"小宝小声地说。

艾米丽倒是无所谓地耸了耸肩。

我猜你知道

人们在蒙古国发现的恐龙化石包括＿＿＿＿＿＿＿＿＿＿＿＿＿＿＿＿＿＿等。

在戈壁探险，越野车可算不上好的交通工具，骆驼才是更好的选择——车没油了就不能走了，但是骆驼只需要一点充饥的食物就可以了。因此，到了火焰崖之后，我们就去租了几头骆驼。

太棒了，我们要骑骆驼了！

骆驼是戈壁地区的主要骑乘工具。虽然戈壁到处是风沙，骆驼却有一身专门防风沙的"装备"：双重眼睑和浓密的长睫毛，鼻孔能开闭，防止风沙进入。骆驼是沙漠地区的主要交通工具。它们脚掌扁平，脚下有又厚又软的肉垫。这样的脚掌能让骆驼在沙漠里行走自如。而且，骆驼能够驮运重物。所以，人们把它们看作沙海中的航船，并把它们誉为"沙漠之舟"。

在沙漠，没我不行！

我和汉斯都有骑骆驼的经验，宝音大哥更是骑骆驼的好手，所以我们决定3个大人分别带一个孩子骑骆驼。这3个孩子太自信了，非要自己单独骑一头骆驼，但是出于安全考虑，我们没有同意。就这样，我们两人(一个大人和一个孩子)骑一头骆驼，还有3头驮运物品的骆驼，也算是个不小的驼队了。

一看到骆驼，艾米丽立刻走上前去，温柔地帮它梳理着毛发："可爱的骆驼，请你乖一点。接下来几天，你就带着我穿越戈壁。我们一起去寻找恐龙化石，好不好？"

罗胖忍不住说："艾米丽，它是蒙古国骆驼，你跟它说中文和英文，它都听不懂。你要说蒙古国的语言才行。"

小宝问："你会讲蒙古话吗？"

罗胖笑得很得意："我假装会说蒙古话。"

艾米丽很认真地说："和动物沟通并不需要哪个国家的语言，需要的是真诚和耐心，要让动物感到你的善意。"

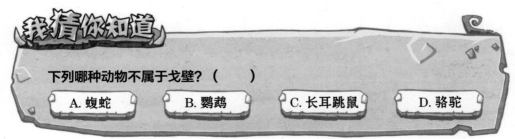

我猜你知道

下列哪种动物不属于戈壁？（　　　）

A. 蝮蛇　　　B. 鹦鹉　　　C. 长耳跳鼠　　　D. 骆驼

这个年龄段的孩子有点争强好胜。只听小宝哼了一声："我才不需要沟通呢。我在中国的沙漠地区旅游时也骑过骆驼，不用跟它沟通。你们看好了！"

说完，小宝便爬上了骆驼的后背。但是，还未等他坐稳，骆驼突然跪了下来。小宝差点从骆驼身上滚落下来，吓得直叫。

慢一点儿！

这是我送给你的见面礼，小家伙儿。

看到小宝有危险，我吓得心都快提到嗓子眼儿了。宝音大哥连忙抓住缰绳，安抚骆驼。

艾米丽忍不住说："你没有好好和它沟通，它就不想让你骑！"

不知不觉夜晚已降临。这里荒无人烟，也没有旅馆。因为目前的所在地不是寻找化石的地点，所以我们没有在这里安营扎寨。大家索性穿着厚厚的衣服，挨着骆驼温暖的皮毛半坐半睡。

小宝对罗胖和艾米丽说："这是我睡过的最大的床。"

罗胖左看右看："小宝，这里根本就没有床啊！"

小宝笑嘻嘻地说："戈壁就是我的大床，天空是被子，星星是被子上的图案，骆驼是我的大枕头。这张床够大吧？"

罗胖哈哈大笑："我想，这次你不会掉下床了。"

第二天，大家醒得很早。简单用餐后，我们就出发了。宝音大哥骑着骆驼在最前面带路，汉斯紧随其后。

走了差不多两个小时，我们在一处平地上停了下来。我和汉斯来来回回在不远处的陡坡上拉开钢卷尺、拿着罗盘测量方位；3个孩子仔细地把石头分类放进背包。

宝音大哥好奇地看着我们："你们在做什么？"

咱们仔细找找，说不定会有大发现！

我想了想，尽量用宝音大哥听得懂的方式表达："我们想知道这个地方以前是什么样子的。"

宝音大哥感到很疑惑："这里以前就是戈壁啊！我爷爷的爷爷甚至祖祖辈辈一直生活在这里。"

汉斯抿着嘴笑了："宝音大哥，我们研究的是一亿多年前的地质。那个时候，您爷爷的爷爷还没有出生呢！要知道，那个时候地球上还没有人类。"

我也笑了笑，说："宝音大哥，我说的是很久很久以前这里可能是一片汪洋大海。后来，因为地壳不断运动，洋壳慢慢隆起抬升，这里就成了水草丰茂的平原。接着又出现了恐龙，就生活在我们脚下的这片土地上。其中，既有体长约为20米的纳摩盖吐龙，也有形似鸵鸟的似鸟龙类——虽然看着可爱，但也不好招惹，还有嘴巴和鹦鹉嘴类似的鹦鹉嘴龙等。"

今天吃什么品种的叶子呢？

宝音大哥露出惊奇的神色："什么？这么多龙？我们这里一直有个传说：戈壁里藏着巨大无比的恶龙，面目狰狞，还能呼风唤雨、吞云吐雾。这种恶龙一旦出现，周围的天气就会变得狂风骤起、暴雨倾盆。它会把行人和骆驼卷进血盆大口，吞咽下去。"

小宝对宝音大哥讲的"传说"很不以为然："叔叔，现生动物中根本就没有能吞云吐雾的恶龙！"

宝音大哥一直在摇头，有些无奈地说："听老人们的话总是没有错的，龙就在戈壁里。我的祖先曾经见到龙的尸骨，一根骨头比我的整个手臂还要长。有些人还发现过龙的脚印——一个个大坑，成年人坐在坑里也绰绰有余。"

为了让宝音大哥安心，我很认真地劝慰他："放心吧，大哥，我们中国人都会功夫，我还会'降龙十八掌'呢！悄悄告诉你，我可是地地道道的降龙高手。"说完，我又特地比画了两下。

　　"我也会！"汉斯也像模像样地比画起来。

　　孩子们忍不住笑了，宝音大哥依旧一脸无奈的表情，还是担心戈壁里会有可怕的恶龙。

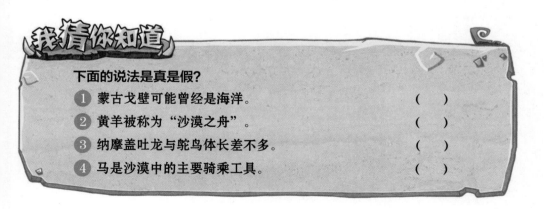

我猜你知道

下面的说法是真是假？

1. 蒙古戈壁可能曾经是海洋。　　　　　　　　　（　　）
2. 黄羊被称为"沙漠之舟"。　　　　　　　　　（　　）
3. 纳摩盖吐龙与鸵鸟体长差不多。　　　　　　　（　　）
4. 马是沙漠中的主要骑乘工具。　　　　　　　　（　　）

FM 计划

　　放眼望去，火焰崖这里有大片裸露的岩石，在阳光的照射下，高低起伏的山丘就像是一条红色的巨龙。每当夏季的中午，这里就像一片火海，难怪当初有考察团给它起名为"火焰崖"。火焰崖有种类丰富的化石，希望我们这次也能在这个红红火火的地方有丰厚的收获。

　　古动物的遗骸化石散落在地面的岩层或岩石裂缝中，而发现恐龙化石的

最佳方式之一就是寻找露出地面的化石痕迹。这需要非常敏锐的观察能力和辨别能力。不过，那是过去。进入21世纪以来，人们开始利用各种先进的仪器发现化石。这些仪器在"视力"和"听觉"上要比人类灵敏得多。因为化石含量丰富，加上有高科技仪器的辅助，所以直到今天人们仍然能在火焰崖源源不断地发现恐龙化石。

我和汉斯边走边观察。突然，汉斯对我说："张，我们美国人喜欢给每次行动取一个代号。这样就显得特别正式，目的性也强。要不咱们也给这次探险行动取个代号吧？"

"既然是寻找恐龙化石，那就叫'寻找化石计划'吧！多么简洁明了！"罗胖说道。

"这个代号不上档次，我看还是叫'猎龙计划'吧！这样会给人一种神秘感。"小宝建议道。

"我喜欢用字母表示代号。我们这次是在蒙古国探险，而蒙古国的英文首字母是'M'，不如就叫'M计划'！"艾米丽说着。

"艾米丽，你说的这个代号没有把寻找化石的计划体现出来。化石的英文是'fossil'，我把你取的代号加工一下，改成'FM计划'吧！"罗胖将艾米丽的提议进行了二次加工。

大家觉得罗胖取的这个代号越说越顺口，便最终决定使用"FM计划"这个行动代号。其实，FM(Frequency Modulation)的意思是调频，人们习惯用FM指一般的调频广播。经常收听广播的人应该对它很熟悉。我想，大家觉得"FM计划"顺口可能与此有关。

确定了行动代号后，大家开始干活了。我和汉斯拿着仪器在地面不断寻找，但是经过一上午的搜寻，只找到了几块小化石。虽然这里埋藏着丰富的化石，但是发现它们还是需要一点运气的。

小宝坐在一块石头上，开始抱怨："唉，看来罗胖说得对，我并不是什么恐龙化石专家。"

"怎么了，罗胖？"我看到罗胖捂着肚子，脸上露出痛苦的表情。

"我有点不舒服，可能吃了不干净的东西。"

"在野外也找不到厕所呀！这样，你去远处那个石头后面解决吧！注意卫生，给你铲子！"汉斯看起来很有这方面的经验。

"什么？在野外？"罗胖大叫起来。

"难道你要等到我们回乌兰巴托再解决？快点吧，我陪着你。"小宝催促着罗胖。

说完，二人就直奔山包下的一块大石头后面去了。

刚刚过了不到3分钟，小宝和罗胖开始大声叫喊。我们以为他俩出了什么事，赶紧跑了过去。

"老爸，你看，我挖到一块骨头。"

暴露出地面的部分像是一块下颌骨化石。汉斯看了看，然后对我说："张，你看这块骨头有可能是完整的吗？"

"不知道，不过我希望它是。咱们挖挖看吧！"

"保佑我们挖到完整的化石吧！"一旁的艾米丽在不断祈祷。

就这样，我们挖到了本次蒙古国之行的第一块重要化石。汉斯说："幸亏咱们是在戈壁挖化石，只要把上面的沙子清除，就能整理出骨骼。要是挖掘埋藏在坚硬岩石里的大骨骼，就必须使用炸药或者电锤、钻孔机等。"

挖掘化石的工具

汉斯慢慢地将小块的化石从沙子里拿出来，艾米丽负责拍照，我负责编号和拼凑处理。幸好这个化石碎片的边缘比较清楚，容易拼接。经过将近半天的挖掘和处理，一件头骨化石展现在了我们面前。

这具头骨化石看上去非常奇怪：头骨的后部有一个延伸到脖子上的宽大骨质褶边，中间是一个大孔洞；嘴巴的形状看起来和鹦鹉的嘴相似，弯弯曲曲的。总之，它看上去有种说不出的怪异。

这时宝音大哥走了过来，神情很是激动："这是狮鹫兽！它是一种半狮半鹰的上古猛兽，躯干部分像狮子，既能四足奔跑，也能拍翅飞行，能用利爪与鹰嘴撕裂猎物。狮鹫兽会处罚贪财的人类。"

这一定是狮鹫兽！

汉斯擦去脸上的汗水，说道："宝音大哥，它可不是狮鹫兽，而是原角龙。狮鹫兽被一些当地人描述成长着狮子身体和鹰头的模样，而该地区有许多原角龙化石。因此，我认为原角龙化石是狮鹫兽的原型。"

如果我长出翅膀，就能变成你吗？

宝音大哥听了汉斯的话，似乎还想争辩什么。我赶紧接着说："人们在中国北方和蒙古国发现了很多原角龙化石。原角龙生活在白垩纪晚期，是角龙类恐龙中比较原始的一种。它们四肢短小，身躯肥胖，体形接近现在的绵羊。原角龙没有真正意义上的角，只是在鼻骨上有小小的突起；头部后方有片状的骨质颈盾，用来保护脆弱的颈部；长着和鸟嘴类似的喙状嘴，可以采食植物的枝叶以及多汁的茎。"

小宝大叫起来："原角龙？以前我只在书上看到过有关它们的介绍，想不到今天居然能一睹其真容。不过，我记得原角龙的头上是有两个孔洞的，而这具头骨上只有一个大孔洞。"

"这个很好解释。中间的骨质褶边应该是缺失了，所以导致头部只剩下一个大孔洞。"

我解释完，又很骄傲地说："我国的内蒙古地区曾出土大量原角龙的骨骼、巢穴、蛋及幼崽化石。"

"原角龙是在我国被首次发现的吗？"小宝问。

"原角龙首次被发现是在蒙古国，由美国自然历史博物馆组成的一支探险队在蒙古国戈壁火焰崖附近挖出小型角龙类化石。学者们认为这种小型角龙类恐龙可能是角龙的祖先，所以后来把它命名为'原角龙'。"我回答着。

汉斯还在研究刚被挖出来的头骨化石，兴奋地对我说："我刚才仔细地观察了一下这具头骨化石。相比于我在美国看到的角龙化石，它确实看起来更原始。看来，亚洲果然是角龙的发源地。"

罗胖很好奇地问："原角龙在外形上和著名的三角龙有些相似，但是体形更小，头上也没有角。我记得美国有三角龙化石。"

汉斯非常开心地说："亲爱的罗胖，在白垩纪时期，角龙可以说是演化得非常成功的恐龙类了。下面，我给大家讲一个原角龙迁徙的故事吧！你们要不要听啊？"

罗胖像啄木鸟一样不停地点头："当然要听，我特别喜欢听故事。"

"刚好大家也累了，我们就去那边的石头下面歇一会儿吧！尽量不要破坏挖掘现场。"我说。

5分钟后，我们聚在一起听汉斯讲故事。

白垩纪时期，角龙类恐龙安逸快活地生活在亚洲大陆上。它们很喜欢这里的环境，到处是一望无际的绿色原野，有高大的蕨类和形态各异的松树。

有人可能会担心：松树的叶子特别坚硬，角龙吃得惯吗？

这样的担心大可不必。角龙非常爱惜自己的肠胃，"挑食"得很，只吃植物的嫩叶或者饱满多汁的茎。

那时的角龙类家族并不是很庞大，成员只有鹦鹉嘴龙、原角龙等几种。这些角龙比较娇小可爱，既不会很笨重，也不会很瘦小。

时间一长，角龙们突然觉得这样日复一日的生活很无聊，很希望能出去走一走，看看外面的世界是什么样子的。于是，许多角龙组成了一支远征军，踏上了探索之旅。

角龙的很多朋友听说角龙要"出征"了，纷纷前来：翼龙在天空中展翼追随，窃蛋龙高高兴兴地围着角龙跑。角龙的老"对手"伶盗龙却不怀好意地跟在后面。

外面的世界"迷龙眼"，外面的世界也很危险。突如其来的洪水会冲跑角龙的一些同伴，凶猛的肉食性恐龙也许会出其不意地袭击这支远征军里的老弱病残成员，它们走到半荒漠地区时可能会面临缺少食物的险境。

但是，这些不利情况都没能阻止角龙探险的脚步。

前进，向前进！

角龙们无意间闯进了北美洲。它们发现这里的植物很肥美，气候也很温暖，但同时这里的天敌也很凶恶：恐爪龙、似鸸鹋龙等都把角龙看作美味的食物。这可怎么办？

为了生存，这些远离家乡的角龙努力地吃东西，让自己的体形变得更大，3米、4米、5米、6米、7米、8米，甚至9米。就像吹气球一样，小可爱慢慢变成了巨无霸。

这家伙挺能打啊！

身体变大还不算，角龙还拥有了更多的防御性武器。原角龙的头上没有角，而白垩纪晚期的三角龙却进化出了3个角，不仅眼睛上方长了一对角，鼻子上方还有1个较小的角。靠着这些尖锐的角和坚硬的大颈盾，样子像大犀牛的三角龙能抵抗很多肉食性恐龙的攻击，有时候甚至能和厉害的霸王龙打成平手。

亚伯达戟龙　野牛龙　尖角龙　厚鼻龙　三角龙　牛角龙

无鼻角龙

开角龙

准角龙　五角龙

角龙还深知"龙多力量大"的道理。它们拼命地繁殖，拼命地开枝散叶，演化出了三角龙、五角龙、戟龙、开角龙等很多种类。角龙家族日益繁盛兴旺起来。

别说孩子们了，就连我都听得津津有味。汉斯学识渊博，而且口才很好，用讲故事的方式把角龙的生存时期、进化过程、防御武器等内容娓娓道来，既生动又有趣。听得出来，他对角龙很有研究，也有独到的见解。

小宝张大了嘴巴，一脸向往的样子："我好想去美国看看三角龙。"

"没问题，明年你们可以来美国找我，我带着你们去！"艾米丽拍拍小宝的肩膀说。

"记得也带上我哟！"罗胖开心地说道。

角龙家族日益壮大！

"汉斯，当年我们约定再来一次蒙古国，想不到15年后竟然成真了。你看，现在的孩子说去哪里就能去哪里，我真是羡慕他们呀！"

"中国有句话叫'有缘千里来相会'，我们因为恐龙结缘，他们因为我们结缘。'缘分'是我最喜欢的中文词。"

"我也喜欢这个词儿！"罗胖说道。

"不，你喜欢吃！"小宝哈哈大笑。

我猜你知道

下面的说法是真是假？

1. 原角龙可能是狮鹫兽的原型。　　　　　　（　　　）

2. 原角龙生活在侏罗纪晚期的亚洲。　　　　（　　　）

3. 原角龙是肉食性恐龙。　　　　　　　　　（　　　）

4. 三角龙、五角龙、开角龙都属于角龙家族。（　　　）

窃蛋龙冤案

    这真是开了一个好头。刚刚敲定"FM计划"这个代号，大家就发现了一具原角龙头骨化石。汉斯说我们是幸运儿。不过，事物都具有两面性，也许幸运之后就是不幸。比如：在饮食方面，这几天我们每天吃牛肉干和方便食品，连以前不稀罕的罐头，现在也成了奢侈品。

    "再这么吃下去，我的心、肝、脾、肺、肾都要抱怨了。想想几天前我还在北京吃羊肉火锅呢。之前我以为蒙古到处有好吃的手抓羊肉呢！没想到，在戈壁只能啃干巴巴的牛肉干。"罗胖抱怨着。

    "罗胖，不如我们去打点野味吧！"小宝小声说道。

我可能患了"美食缺乏症"。

"可是，张老师和汉斯叔叔让我们不要乱跑呢！"罗胖有些犹豫。

"你们两个男孩子说什么悄悄话呢？"艾米丽凑到他俩跟前。

"没什么，我们说你长得漂亮呢！"小宝怕艾米丽知道自己的外出计划，连忙说了句女孩子都喜欢听的话。

"还算有眼光！不过，我还是警告你们，外面很危险，擅自外出是绝对不可以的。我会盯紧你们的！"艾米丽用手指指了指自己的双眼，又指了指小宝和罗胖。

说完，艾米丽又舔了舔嘴唇："可是，我突然好想吃香喷喷的煎蛋卷！"

"那还等什么？为了艾米丽，我必须去！"罗胖突然起身收拾自己的背包。

"刚才你还犹犹豫豫的呢！"小宝嘲笑着罗胖。

"英雄救美必须有我的份。咱们快去拯救美女的肠胃吧！"

艾米丽负责带路,帮助罗胖和小宝寻找水源与树木。艾米丽确定大致方向后,就一直观察着野生动物的足迹,因为有走兽的地方,附近应该有水源。艾米丽一边走一边观察周围的骆驼刺,还不时检查地面是否有潮湿的水迹。走了两个多小时,他们终于看到了一片小小的绿洲。

罗胖开始在草丛里寻觅鸟窝。他运气很好,找到了几枚鸟蛋。小宝找了些树枝,生起了火。"大厨"艾米丽直接把鸟蛋打在挖化石的铲子上,几分钟后,蛋液凝固了。艾米丽又在上面撒了些泡开的牛肉干,然后加了点盐,接着用叉子将它们卷了起来。新鲜的煎蛋卷出锅了!

罗胖连忙用手抓起煎蛋卷，直接塞进嘴里。热蛋卷烫得他嘴唇红红的，直吐舌头："太烫了，太烫了！"

"哈哈，你这个吃法不烫才怪呢！"艾米丽说完就用刀将蛋卷切成了小份。

罗胖张开大嘴，一口吞下了一小块儿蛋卷。

相较于罗胖，小宝就显得讲究多了。他捡来两根枯枝，洗了洗当筷子，灵巧地夹起煎蛋卷，小口小口地品尝起来："真的很好吃，这可能是我这些年吃过的最好吃的煎蛋卷。"

艾米丽羡慕地看着小宝的简易筷子："你们中国人吃饭的工具真是神奇，用它吃东西实在是太有趣了！"

小宝点点头："使用筷子可是有一定难度的。不过，我可以教你。"

此时，罗胖挪到艾米丽和小宝身边，说："小宝，我刚才吃得太快了，都没有尝出来煎蛋卷是什么味道的。你能不能分给我一些煎蛋卷啊？"

艾米丽笑了："我记得中国的《西游记》中有个可爱的神话人物，叫'猪八戒'。有一次他吃人参果吃得特别快，都没来得及品尝出味道，所以觉得特别遗憾。罗胖，你和他很像哟。"

罗胖摊开双手，无奈地说："这么说，我和猪八戒是'吃兄吃弟'。"

罗胖的这句话把小宝和艾米丽逗得哈哈大笑。

我和汉斯赶了过来。看到我们，3个孩子吓了一跳。

"孩子们，你们为什么不和我们打招呼就独自出门？"汉斯温柔地问道。

"我想吃点可口的食物，改善一下伙食，就叫他俩跟我出来了！"罗胖将责任揽到了自己身上。

"不，是我出的主意。我想吃煎蛋卷。"艾米丽主动承认了自己的错误。

"怪我，是我先提议出来的，对不起！"小宝很不好意思地低下了头。

"好了好了，下不为例。"汉斯笑着说。

我问孩子们："鸟蛋好吃吗？"

孩子们高兴地回答："好吃！"

我说："鸟蛋是戈壁给你们的礼物，它在用自己特有的方式欢迎你们。作为回报，我们一起把垃圾收拾干净并掩埋起来，好不好？"

孩子们认真地点点头，然后分头收拾垃圾去了。看见这样的场景，我欣慰极了。

孩子们将垃圾整理好后，汉斯拿着铲子开始挖地面上的松散泥土。没想到，几铲子下去，居然零零散散地挖出了一些恐龙骨骼化石和一个奇怪的窝。这个窝很像现在的鸟巢，里面还有一堆奇怪的棱柱形蛋。

我掰着手指头数了数："1，2，3，4，5，6……一共有10枚棱柱形蛋。"

我戴着手套将棱柱形蛋表面的污泥清除后，漂亮的花纹清晰地显现出来。汉斯激动地握住我的手："张，我们又有了新的收获！"

艾米丽问："这些是什么？"

我兴奋地回答："恐龙蛋化石啊！"

这些是什么？

恐龙蛋化石是非常珍贵的。人们发现了很多恐龙的骨骼化石，但是很少发现恐龙蛋化石。在没发现恐龙蛋化石之前，人们并不知道恐龙是如何繁衍后代的。后来，科学家发现了几窝蛋化石。当时，他们还不能确定这些是什么动物下的蛋。之后，他们经过仔细地观察和研究发现，蛋的"主人"是一种名为原角龙的恐龙，这才证实了恐龙是卵生的爬行动物，它们的幼崽是从蛋中孵化出来的。不过，也有些科学家认为，小部分恐龙不产卵，而是直接生出恐龙宝宝。

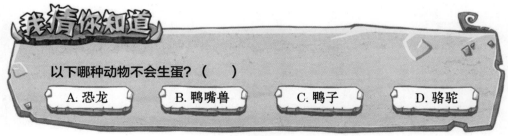

我猜你知道

以下哪种动物不会生蛋？（　　）

A. 恐龙　　　B. 鸭嘴兽　　　C. 鸭子　　　D. 骆驼

"哇，这些蛋化石好大呀！不知道用它们做煎蛋卷会不会别有一番滋味。"罗胖看着这些蛋化石，小脑袋瓜里还在想着吃恐龙蛋的场景，馋得直流口水。

"只能说鸟妈妈还算温柔。今天你偷的要是恐龙蛋，恐龙妈妈是绝对不会跟你客气的。我想，它可能会把你变成'罗胖酱'！"小宝开始大笑。

"说起偷蛋，我突然想起一个非常有趣的故事，大家愿不愿意听呢？"汉斯说。

孩子们异口同声地说："当然愿意。"

"故事可不能白讲，你们剩下的一点煎蛋卷能不能给我吃呀？要知道，讲故事也挺费力气的！"汉斯跟孩子们讲起了条件。

"没问题！"小宝赶紧把最后一个煎蛋卷拿给了汉斯。

有一天，这头恐龙一边奔跑一边高唱着："随风奔跑自由是方向，追逐雷和闪电的力量……"

跑着跑着，它突然看到前面有一头雌性恐龙。其实，它早在几天前就看上了这头雌性恐龙，今天终于下定决心向对方"表白"。

它竖起尾巴，漂亮的羽毛瞬间变成一把"毛扇子"，在阳光的照耀下更加光彩夺目。

雌性恐龙瞬间被它征服了……

几天后，雌性恐龙在一个高地筑好巢穴，将蛋产在了里面，然后恐龙爸爸趴在上面，用身体给蛋宝宝提供温暖。

过了一会儿，它的肚子开始咕咕叫。在出去找吃的之前，它用叶子将蛋宝宝覆盖住。

这时，一只长着羽毛的食肉恐龙——伶盗龙悄悄地走了过来。它眼睛很大，看上去既机灵又可爱。不过，千万不要被它的外表给骗了，那尖牙和利爪表明它是凶猛的捕食者。

伶盗龙一般是成群捕猎的。这只落单的伶盗龙或许是因为打架失败被赶出了群体。

它也可能是在捕猎的过程中跟同伴走散了。总之，它现在需要食物来果腹。

它闻到了食物的香气，于是用灵巧的前肢把叶子拨开，一枚枚恐龙蛋呈现在它的眼前。对它来说，这无疑是一顿可口的大餐。

正当它抓起一枚恐龙蛋，准备享受美食的时候，一个黑影突然从后面扑了过来。预感到危险的伶盗龙急忙放下蛋，又翻了个跟头，本能地躲开了偷袭。原来是恐龙爸爸回来了。

从个头上看，两只恐龙差别不大，但是伶盗龙嘴里长着如小匕首一般锋利的牙齿，还有一对似铁钩的大爪子。

平时恐龙爸爸一定不会轻易招惹这种凶猛的猎手，但是今天的情况不同，自己的宝宝受到了威胁和伤害。想到这里，它缓缓地站直身体，不断挥动长着羽毛的前肢，让自己看上去更有气势。

伶盗龙隐约觉得有些不安，直觉告诉它会有更大的危险出现。它在犹豫要不要和眼前的恐龙打上一架。恐龙爸爸看出伶盗龙的心思，大步冲了上去。伶盗龙心中的不安感极速上升，赶紧扭头跑了。

恐龙爸爸以为是自己吓跑了伶盗龙，成功地保护了小宝宝，便开心地继续孵蛋。

这时，电闪雷鸣，一场暴雨突然降临。

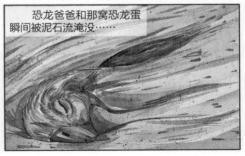

恐龙爸爸和那窝恐龙蛋瞬间被泥石流淹没……

就这样，恐龙爸爸和一窝蛋慢慢变成了化石，安静地躺在地下，等待着重见天日的时刻。它们一起熬过了漫长的六七千万年。

后来，一位古生物学家来到蒙古国戈壁，发现了一具趴在一窝恐龙蛋上的恐龙骨架化石。

这位古生物学家看了看恐龙的嘴：嘴的形状有点像鹦鹉或鹰的喙，又弯又硬，能一下子敲破恐龙蛋。

这不是很明显吗？这只恐龙正在偷其他恐龙的蛋！于是，这位古生物学家自然而然地给它取了名字——窃蛋龙。可惜，已经变成化石的恐龙不能说话。它如果能说话，一定会大叫："冤枉！冤枉！我在孵蛋！我不是窃蛋龙！"

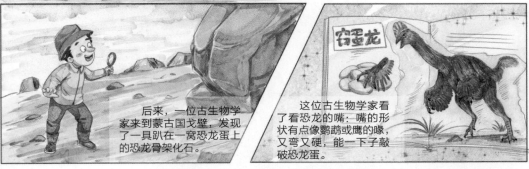

后来，古生物学家找到了保存着窃蛋龙胚胎的恐龙蛋化石。

真相终于大白，原来之前发现的那只窃蛋龙并不是在偷蛋，而是在孵蛋。可是，根据规定，窃蛋龙的名字再也无法更改了，好在它们的冤屈已经被洗清。

听完故事，罗胖发表了自己的想法："既然窃蛋龙不是小偷，那就给人家正名呀，这样可不好！"

"虽然窃蛋龙名不符实，但是你这个'窃蛋贼'可是名副其实的！"小宝立刻回应道。

"我为什么偷鸟蛋？还不是为了让大家吃点好的呀！我做的可是好事，因此我应该被封为'窃蛋侠'。"罗胖觉得自己的偷蛋行为算得上正义之举。

"说到偷蛋贼，大家知道吗？在白垩纪喜欢吃恐龙蛋的不是恐龙，而是哺乳动物。白垩纪时期的哺乳动物长得有点像老鼠，在个头上也和老鼠差不多，多数喜欢生活在地下，还具备一定的生存技能，比如打洞、潜水、上树等。它们平时可能吃昆虫和植物的根茎，有时候想改善一下口味，就会偷吃恐龙蛋。所以，罗胖喜欢吃蛋，说不定是祖先遗传的哟！"汉斯幽默地解释着。

"罗胖，上次你肚子疼，我们意外找到了原角龙的头骨化石；这次你想吃好东西，我们又找到了窃蛋龙的蛋化石。你真是我们的幸运男神！"艾米丽说。

"所以，你们以后要对我好点哟！"罗胖开心地说。

"哈哈，没问题！"

我猜你知道

下面的说法是真是假？

1 在沙漠中，人们可以通过观察动植物的踪迹寻找水源。 （　　）

2 窃蛋龙生活在三叠纪晚期的蒙古国。 （　　）

3 窃蛋龙喜欢偷其他恐龙的蛋。 （　　）

4 早期哺乳动物会偷吃恐龙蛋。 （　　）

育儿有秘诀

"汉斯叔叔，你讲的故事可真精彩！不过，我还有一个疑问：要是没有发现胚胎，科学家怎么确定那些恐龙蛋是谁的呢？"小宝问道。

"蛋的形状可以告诉我们很多秘密。"汉斯的话勾起了孩子们的兴趣。

"恐龙大家族里有很多成员，并且这些成员的蛋的形态有明显的差异。古生物学家通过研究大量的恐龙蛋化石发现：马门溪龙、迷惑龙、梁龙等蜥脚类恐龙的蛋是圆形的；而兽脚类恐龙的蛋通常是椭圆形或长形的。恐龙种类繁多，不仅有巨型恐龙，也有体形比较小的恐龙。它们之间不仅体形差异较大，蛋的大小也相差悬殊。较小的恐龙蛋只有乒乓球那么大，较大的恐龙蛋则有篮球那么大。"

蛋会告诉我们很多知识。

蜥脚类　　兽脚类

"我们发现的那10枚立着排列的棱柱形蛋是哪种恐龙下的呢?"小宝问。

"我认为是伤齿龙产下的蛋。第一,伤齿龙蛋一般为长椭圆形,一端较钝,另一端略尖,跟我们发现的这窝蛋化石长得很像;第二,伤齿龙蛋在蛋窝中的排列方式非常奇特,每个蛋都是垂直或稍微倾斜地竖立在蛋窝里的,而我们发现的这窝恐龙蛋化石也是呈竖直排列的。至于为什么要这样排列恐龙蛋,科学家通过研究得出了结论:伤齿龙的蛋壳比较薄,很容易破碎,而竖着排列的方式能够增加蛋的抗破碎能力。"我回答。

"恐龙会照顾自己的孩子吗?"小宝接着问。

我告诉他:"抚育后代是动物的一种本能行为。通俗地讲,这种行为就是爸爸、妈妈对幼崽的抚养、照顾。你看,人类宝宝的成长就离不开父母的呵护。

"当然，不同的动物对后代的抚育方式是不同的。在哺乳动物中，大部分动物宝宝由妈妈抚育，还有一部分由爸爸、妈妈一起照顾。比如：狼妈妈会无微不至地照顾小狼崽，还会传授很多捕猎技能，直到小狼成年。狼爸爸也会协助狼妈妈照看幼崽。部分鸟类由雌鸟和雄鸟共同抚养后代，也有一些鸟宝宝由妈妈或爸爸单独抚育。比如：帝企鹅爸爸就承担着照顾宝宝的大部分责任。大多数鱼类却并不抚养自己的宝宝，仅有少量的特例。比如：海马爸爸会把胚胎放在育儿囊中，直到它们发育成小海马。一些外表看似凶残的鳄鱼也会照顾自己的宝宝。比如：鳄鱼妈妈会在平地上挖一个洞，并将蛋产在里面。之后，鳄鱼妈妈会守在巢穴周围，等小鳄鱼出壳的时候帮它们打开蛋壳，然后用嘴把孩子放到水中。再到我们人类，妈妈辛苦怀胎，生下宝宝。之后，爸爸和妈妈会一起精心养育小宝宝，不仅教孩子基本的生存技能，还会花大把的精力将其培养成才。"

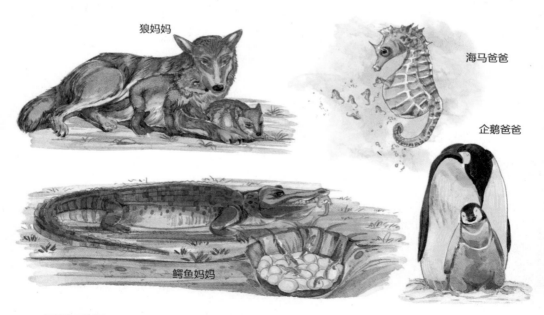

狼妈妈

海马爸爸

企鹅爸爸

鳄鱼妈妈

罗胖听得入迷："张老师，您快说说有关恐龙育儿的知识吧。"

我接着说道："部分恐龙会照顾自己的宝宝。比如：凶狠残暴的霸王龙可能是非常尽职的父母。它们不仅会温柔地照顾自己的宝宝，还会教小霸王龙基本的捕食技巧。但是，看起来温柔的梁龙却不会照顾自己的孩子。因为体形巨大，梁龙需要不断进食，因此只能把精力主要放在吃上，自然无暇顾及自己的宝宝。梁龙妈妈会产下很多卵，之后这些蛋宝宝就只能自生自灭了。因此，有些蛋刚生下来就被其他恐龙或哺乳动物给吃掉了。剩下的蛋一般不能全部孵化成功，小梁龙即便顺利地破壳而出，也要独自面对这个危险的世界。好在梁龙的产蛋量比较多，否则这种繁殖方式很难保证梁龙后代的存活率。不过，到了白垩纪，侏罗纪的这些大个头的数量似乎变得很少了，不知是否与此有关。"

孩子们，"龙生"只能靠自己。

"梁龙妈妈也太不负责了吧，白长那么大个子！"小宝有些生气地说。

我解释着："这和梁龙的种类以及生存环境有关。梁龙这种大型蜥脚类恐龙本来就行动缓慢，每天为了寻找足够的食物需要四处行走，所以客观条件不允许它们固守一个区域。另外，它们还要应对来自肉食性恐龙的威胁。

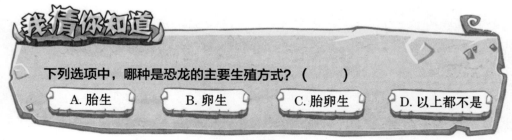

我猜你知道

下列选项中，哪种是恐龙的主要生殖方式？（　　　）

A. 胎生　　　B. 卵生　　　C. 胎卵生　　　D. 以上都不是

一些兽脚类恐龙为了一饱口福，常常袭击这些大型蜥脚类恐龙。梁龙为了生存下去，只能忍痛割爱，弃子逃走。哪个妈妈不疼爱自己的孩子呢？但是，梁龙妈妈无能为力啊！

再见了，孩子们！

"恐龙界不止有梁龙这样不负责任的妈妈，也有一些特别会照顾宝宝的恐龙妈妈，比如鸭嘴龙类的慈母龙。慈母龙妈妈把蛋生在窝里，慈母龙爸爸会在旁边保护它们。小宝宝孵化出来后，会由父母一起照顾。就这样，小慈母龙在爸爸、妈妈的呵护下长大，还会与其他巢穴里的小伙伴一起玩耍。"

"怪不得它们叫慈母龙，还真是名副其实。"小宝感慨着。

汉斯笑了："照顾子女是一种亲子行为。这种行为是有较高智慧的动物的一个特征，通过血缘关系使幼小的动物能够在爸爸、妈妈的呵护下成长。这说明什么？"

要快快长大呀！

艾米丽第一个回答："说明一些恐龙有较高的智慧，也很有爱心。"

我鼓励她："艾米丽，你回答得很棒！事实上，恐龙还有很多秘密需要我们来破解。"

"照顾孩子这个行为我可以理解，但是对于孵蛋的行为我是想破了脑袋也想不明白。这些家伙是如何孵卵的？难道和鸡一样卧在蛋上面吗？"小宝提出了疑问。

我笑着说："哈哈，这个问题就让亲爱的汉斯解答一下吧！"

汉斯说道："鸟类从恐龙演化而来的观点已被越来越多的科学家接受。鸟类从恐龙那里继承来的不止外形，还有繁殖方式。科学家根据现有的化石推断，有些恐龙的确会孵蛋，比如窃蛋龙、伤齿龙等。"

"比起小巧的鸟儿，窃蛋龙体重超标了。难道它们不会把蛋压碎吗？"小宝疑惑地问。

"问得好，其实古生物学家也有这样的疑惑。好在随着恐龙蛋化石的陆续出现，古生物学家发现了关于恐龙孵蛋的一些秘密。就在蒙古国的这片戈壁滩上，古生物学家发现了窃蛋龙家族的成员——葬火龙的化石。这只葬火龙就趴在环状排列的蛋化石上，因此他们大胆推测这是一只正在孵蛋的恐龙。根据它的姿势，古生物学家推测了孵蛋的过程：每年繁殖季节，雌雄恐龙交配之后，雌性恐龙就开始精心选择一个孵蛋的地点。这个地点通常在土质疏松的高处，以便于排水和接收阳光。随后，雌性恐龙就会刨一个类似甜甜圈的圆坑。接下来，它会在坑里一圈圈地产卵，使蛋朝向'甜甜圈'的中心。这样的排列方式能增大阳光与蛋的接触面积。然后，它蹲在中央孵蛋，前肢跨到蛋窝的外侧，就像现在的鸽子和鸡一样。这样就可以避免把蛋压碎了。"汉斯边说边在地上画出一个恐龙的巢穴，几个孩子对此十分惊讶。

窃蛋龙孵蛋想象图　　　　　　　　中国出土的窃蛋龙蛋化石

"窃蛋龙实在太聪明了！"艾米丽大叫道。

"目前发现的窃蛋龙家族成员是这样孵蛋的。不过，并不是所有的恐龙都以这样的方式孵蛋。有些小型恐龙因为体重较轻，没有压碎蛋的烦恼，而且身上长着羽毛，能够起到保温作用，所以它们只需要挖一个圆坑，接着随便在里面产蛋，然后直接孵蛋。这类恐龙慢慢进化成了鸟类。因此，现在的鸟窝应该和这些小型恐龙的巢穴很相似。那些大型恐龙则身体太重，不太可能用这种方式孵蛋，因为无论多么小心，它们都会把蛋压碎。所以，大型恐龙可能像鳄鱼一样，将蛋产在巢穴内，然后在蛋上面覆盖一些用于保温的叶子和杂草,接着借助阳光的热量让蛋孵化。"汉斯补充道。

"看来,有些恐龙天生是艺术家,有些注定和艺术无缘!"小宝调侃道。

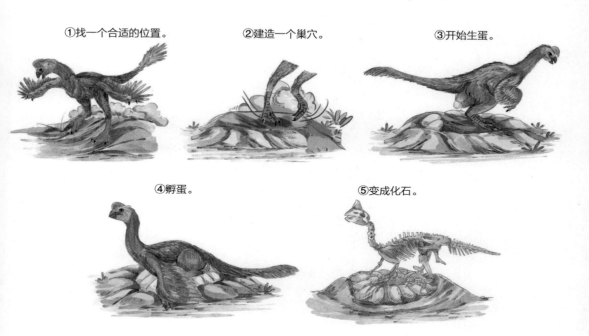

①找一个合适的位置。　②建造一个巢穴。　③开始生蛋。

④孵蛋。　⑤变成化石。

"不追求艺术的恐龙全部灭绝了,而那些艺术家恐龙反而更进一步,变成了鸟类。这就是适者生存啊!"汉斯接着说。

"要是人类的祖先也像恐龙一样直接孵蛋就好了。这样妈妈就不用承受十月怀胎的辛苦了!"罗胖叹了一口气。

养育后代的鸟儿们

"不好，不好！我要是这样的话，说不定我会在野外被狼当作食物。"艾米丽连连摇头。

"不用担心，那时候妈妈会变成护蛋侠，像罗胖这样的窃蛋贼很难找到吃的！"小宝又调侃罗胖。

"小宝，请不要把我和偷蛋这件事联系在一起！"

听着罗胖和小宝的对话，大家忍不住笑了起来。

"既然窃蛋龙能孵蛋，那是不是表明窃蛋龙是温血动物呀？它们如果是冷血动物，就不会有孵蛋所需的热量了！"小宝又有了新的想法。

我回答道："小宝说得对。科学家在窃蛋龙身上找到了温血动物的许多生物特征，比如身体表面具有毛发或羽毛。在一项研究中，科学家分析了恐

龙的体温,结果发现小型兽脚类恐龙的体温在30℃以上,而当时的环境温度为20℃左右。因此,科学家大胆推测,小型兽脚类恐龙可能是温血动物。"

"张老师,刚出生的窃蛋龙是不是毛茸茸的,就像小鸡一样?好想养一只当宠物呢!"罗胖笑着说。

无毛状　少毛状　多毛状

孩子们,别掉队!

"根据现有的资料,我们只知道成年的窃蛋龙是长着羽毛的,羽毛的作用可能是用来保温。至于小窃蛋龙是不是天生长着羽毛,那就要看以后的新发现了。"我回答。

"小宝,这个艰巨的任务就交给你了。"罗胖拍了拍小宝的肩膀。

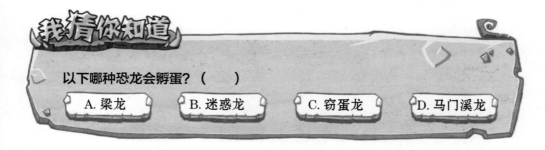

我猜你知道

以下哪种恐龙会孵蛋?(　　　)

A. 梁龙　　B. 迷惑龙　　C. 窃蛋龙　　D. 马门溪龙

草原雕大战蝮蛇

在火焰崖的半个月里，我们很幸运地发现了一些珍贵的化石，但是我们的"FM计划"并没有结束，我们即将赶往下一个目的地。前些年蒙古科学院古生物与地质研究所的研究人员在那里发现了大片恐龙足迹化石，证明那里有恐龙化石存在的地层，曾是恐龙生活的一片热土。

在去往目的地的途中，一大群黄羊从我们身边矫捷地跑了过去，接着一支长箭从我耳边飞过，一只黄羊应声倒下。我以为这是汉斯的杰作，一扭头，竟然看见宝音大哥手挽着弯弓。从宝音大哥的熟练程度上不难看出，他曾经是一名顶级猎手。

一路走来，我看到蒙古国把自然生态保护得特别好。我想，除了人烟稀

少的因素,这可能还和他们的法律保护有关。但是,此时宝音大哥射杀黄羊的行为让我感到不解。于是,我问道:"黄羊不是野生动物吗?野生动物在你们的国家允许被猎杀吗?"

"我们国家以畜牧业为主,野生黄羊和野生狍子太多了就会和家畜抢牧草,所以国家是鼓励适度猎杀黄羊和狍子的,但是盘羊、蒙古野马、草原狼等动物是严禁猎杀的。"宝音大哥回答。

我点了点头,然后夸赞宝音大哥:"宝音大哥,你的箭术真是一流!"

宝音大哥脸上隐隐露出一丝羞涩的神情,谦虚地说:"我的箭术不好!凡是在我们这里出生的男孩子,从小就练习骑马、摔跤、射箭。"

一向爱开玩笑的汉斯也接了一句话:"如果不会这些,这里的男孩子是找不到媳妇的!"

此时宝音大哥被汉斯逗笑了。他打开话匣子，告诉我们："在蒙古国几乎人人都会骑马，就连小孩子也不例外。襁褓中哇哇大哭的婴儿也会被放到马背上。哪怕他不能骑马，父母也要让他感受一下马背的温度。这是我们特有的家庭教育方式。但是，现在年轻人变了，开始习惯住楼房、开汽车了，蒙古国的这些传统文化正在慢慢消失。"说完，他不由得叹起气来。看来，随着社会的发展，每个国家都在发生着变化，每个个体也在发生变化……

戈壁滩的夜晚异常寒冷。为了御寒，我们点起了篝火。随后，宝音大哥拔出随身携带的短刀，熟练地把羊肉分割成小块。然后，他就地取材，找来几根木棍，在地上刨了个土坑，在坑里将木棍点着，接着用削尖的细木棍挑着羊肉在火苗上随意摆动。不一会儿，肉香味儿传开了，大家都惊叹于宝音的手艺。这是我们来蒙古国的第一次羊肉宴。虽然这场宴席摆在了有点冷的室外，但大家还是很开心。

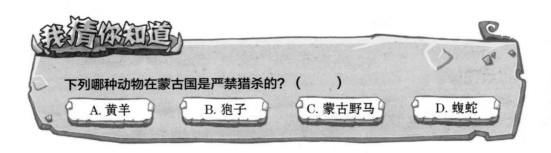

我猜你知道

下列哪种动物在蒙古国是严禁猎杀的？（　　　　）

- A. 黄羊
- B. 狍子
- C. 蒙古野马
- D. 蝮蛇

罗胖吃得满嘴是油："天啊，太香了！我怀疑自己以前吃的羊肉是假的。"

小宝一脸嫌弃的样子："罗胖，你就像没吃过肉一样。你看人家艾米丽，吃得多斯文，多好看。"

艾米丽笑得眼睛一闪一闪的："其实，我的牙齿比较稀疏，肉吃多了很容易塞牙，既不舒服也不卫生。罗胖就不一样了。他吃东西的时候狼吞虎咽的，没怎么咀嚼就吞下去了，完全没有塞牙的烦恼。"

"这说明咱肠胃好，吃啥都香。"罗胖得意地说。

"你不咀嚼的话，是不是一会儿要像鸟儿一样吃点小石头帮助消化啊？"小宝打趣道。

大家哈哈大笑起来。

吃完香喷喷的烤羊肉，宝音大哥和几个孩子都心满意足地睡下了。

第二天，我们来到了曾经出土过许多恐龙化石的宝地寻找化石。我和汉斯来到一处沙丘前，突然从暗处蹿出一条长长的黑影，盘踞在我俩面前。汉斯和我顿时大惊失色……

一条蝮蛇！

眼前的蝮蛇大约有1米长，皮肤颜色和这片戈壁的颜色出奇地一致，这是戈壁蝮蛇特有的保护色。三角形的头部提醒我们这条蛇是有毒的。它快速地吐着信子，好像在窥探我们，看看我们对它是否有威胁。

我手心里全是汗，不敢轻易移动，只好慢慢地拔出匕首。这匕首是昨晚宝音大哥送给我用来防身的。

汉斯将外套缓缓地移到自己面前，如果蝮蛇移动，就用衣服盖住它。

我冒着冷汗说："我们中国有句古话叫'打蛇打七寸'。如果它真的发起攻击，我就用匕首扎它的七寸。当然，我无法很精确地找到七寸的位置。实在不行，我就攻击它的腹部，因为蛇的腹部很柔软。"

话音未落，蝮蛇突然跃起，朝着汉斯的脸部发起攻击。刚才的一切预想都无济于事，汉斯惊叫着转头就跑。他很聪明地绕着圈跑。蛇转弯的速度比较慢，因为对蛇来说，转弯需要先减速，然后再移动，所以蛇拐着弯一般追不上人。

一圈！

两圈！

汉斯都快绕到蝮蛇的身后了。要不是情况太过危急，我几乎快笑出声来。

就在汉斯和蝮蛇僵持的时候，一声响亮的鸣叫划破长空。我抬头一看，只见一只草原雕在空中盘旋。

这种凶猛的大雕视力非常好，几千米内有任何风吹草动都逃不过它的眼睛。刚才的那一幕想必它看得一清二楚。它像利剑一样俯冲而下，然后用双爪抓住蝮蛇的身体，用尖尖的喙牢牢地钳住蛇头。

这一切发生在电光火石之间，我们俩根本来不及反应，只能傻傻地站在那里。此时草原雕已经把蛇头半吞到喙里，但是这条蛇没有放弃，疯狂地翻

草原雕

锐利的双眼

矫健的身姿

锋利的爪子

滚着、扭动着,还用灵活的身体缠绕草原雕的脖子。

草原雕一边不时地甩动翅膀来摆脱蝮蛇的反扑,一边用脚趾抓住蝮蛇那滑溜溜的身体。它的喙长且向下弯曲,喙尖如钩,宛如一柄刺破蛇身体的匕首,一下、两下……

蝮蛇似乎渐渐体力不支,反抗的力度越来越弱,但是仍然用毒牙咬着草原雕的爪子。草原雕没有丝毫畏惧,它的脚爪上覆盖着坚硬的鳞片,蛇的毒牙根本咬不透。

就这样持续了两三分钟,蝮蛇终于没有了力气,草原雕嘴里的蛇头几乎被压成了肉酱。它炫耀似的在我和汉斯面前咬掉了蛇头,用利爪抓破蛇身,取出蛇胆,然后抓起蝮蛇的身体,消失在空中……

刚才发生的一切其实很短暂,但是我觉得像过了一个世纪那么久。在生死存亡面前,其他的一切都显得无关紧要。

冷静下来后,我们才想到这条蝮蛇不可能是凭空变出来的,它一定有自己的巢穴,必须找到它的老巢,看看有没有漏网之"蛇"。于是,我们顺着蛇体运动留在地面的痕迹寻找,果然发现了一个黑漆漆的洞穴。这个洞穴看上去有一种说不出来的古怪,在沙丘沉积物里半掩半埋,仿佛里面藏着极大的秘密。

汉斯和我带上了防抓咬手套,开始清除洞穴旁边的沙土,接下来的一幕令我们终生难忘。

这果然不是普通的巢穴，里面散落着一些巨大的生物牙齿化石。我敢说，这些牙齿绝对不属于蝮蛇！

我们相视一笑，把牙齿化石带了回去。

艾米丽惊奇地看着我们带回来的牙齿化石："这种牙齿又扁又长，很像是蜥脚类恐龙的牙齿。"

汉斯夸张地亲了亲艾米丽："我的小公主，你太棒了！这就是蜥脚类恐龙的牙齿化石。"

我们收好化石，骑上骆驼继续前进。路上，孩子们还在讨论着那些恐龙牙齿化石。

梁龙牙齿化石

梁龙

"蜥脚类恐龙的牙齿化石？不会是马门溪龙的吧？"小宝问道。

"蜥脚类恐龙有很多种，人们在中国四川发现的蜥脚类恐龙是马门溪龙，在蒙古国发现的蜥脚类恐龙是纳摩盖吐龙，在北美洲发现的蜥脚类恐龙是梁龙和迷惑龙。"我摸了摸小宝的头。

"在蒙古国发现的这个什么龙有什么特点吗？"罗胖问。

"当然有了。你们想想那些牙齿化石像什么？"我引导着他们。

孩子们那会儿观察得很仔细："有点像猪八戒钉耙上的耙齿。"

我点点头："对啦！这种纳摩盖吐龙就是人们根据其钉状牙齿命名的。它们和大部分的蜥脚类恐龙相似，拥有长长的脖子和钉状的牙齿。牙齿虽然长，但是并不尖锐。这种恐龙不吃肉，只喜欢吃植物。为了快快长大，它们不停地吃东西，饿了就吃，吃累了就休息一会儿，休息完继续吃。在它们的生命里可能只有吃和休息这两件大事。"

"整天吃吃吃，纳摩盖吐龙好像活得很舒服啊。"罗胖闭着眼睛开始幻想纳摩盖吐龙吃东西的场景，脸上露出一副很惬意的表情。

小宝冲着他大喊："快醒醒，生活不止眼前的吃喝，还有远处的大海和蓝天以及未来和远方。"

以下哪种恐龙不属于蜥脚类恐龙？（　　　）

A. 梁龙　　　B. 马门溪龙　　　C. 霸王龙　　　D. 迷惑龙

脚印之谜

接下来的几天我们继续寻找恐龙化石，不过一个很现实的问题摆在我们面前——饮用水已经用完了。

其实，这几天大家还是很节约用水的。在这样的戈壁里，要是没有了水，我们的"FM计划"就只能立刻中止了。好在宝音大哥的家离这儿不远，于是我们商量后决定去宝音大哥家进行补给。

我们在骆驼的背上颠簸了3个多小时后，所见的终于不再是一望无际的

我也需要补给了。

裸露地面,远处的地面上有了隐约可见的植物的点缀,偶尔还会有几朵盛开的小白花。再翻过一个山丘,映入眼帘的便是银白色的蒙古包和一望无际的草原。这一刻,我觉得我们有点像《西游记》中的唐僧一行人,经历了"九九八十一难",终于到达了想去的地方。

我们来到了宝音的家,宝音的妻子给我们端来热腾腾的奶茶,宝音的爸爸帮我们整理行李,邻居们也过来帮忙。他们的热情和真诚让身处异乡的我心里暖暖的。

在宝音大哥家短暂停留后，我们又骑着骆驼出发了。

路上，罗胖问宝音大哥："叔叔，刚才我不小心踩到了您家门口堆着的牛粪。你们为什么要收集这么多牛粪呢？"

"什么？罗胖，你踩到牛粪了？我说怎么这么臭呢，你可别靠近我啊！"小宝嫌弃地说道。

"在我们这儿，牛粪可是宝贝，可以用来作燃料。尤其是在冬季大雪封山的时候，我们一般用它取暖。这里风大，牛粪干得很快。其实，干牛粪并不臭，几乎没什么味道。而且，谁家的牛粪越多，这家的小伙子越能受到姑娘的青睐。"宝音一脸真诚地回答道。

这些就是我的宝藏啊！

"罗胖，你干脆留下来拣牛粪吧。要是哪个姑娘看上你，你就可以一辈子在这里吃羊肉了。"小宝调侃着罗胖。

"虽然我很想留下来吃羊肉，但是我实在下不了手，我不想用手碰牛粪，虽然它已经干了。"

正当大家说笑时，艾米丽突然大叫一声，原来一股沙尘暴正席卷而来。

说时迟，那时快，宝音大哥急忙跳下骆驼，然后指挥大家躲在骆驼身后。此时骆驼好像也预感到有危险，把身子一沉，趴在地上不肯起来。我们刚刚躲藏好，沙尘暴就像一堵墙一样卷了过来。我紧紧抓住骆驼的缰绳，连眼睛都不敢睁开。风沙在耳边打着旋儿，让人感觉周围摇摇晃晃的。不知过了多久，沙尘暴终于停了下来。

大家隐蔽！

　　小宝和罗胖跑去不远处抖落身上的尘土。然后，小宝大叫一声："你们快来看，这里有个巨大的脚印坑，真好玩！"

　　我和汉斯赶紧凑上去观察，喜悦之情涌上心头！这是恐龙足迹化石！

　　经过很长时间的挖掘，两块巨大的脚印模样的化石出现在我们面前。

　　"大家看，这个脚印快和我一般大了。"说着罗胖就躺了下来，和一个足迹化石比大小。

　　"按照这个脚印的大小来看，这头恐龙一定是个巨无霸。罗胖，你刚好可以当它的开胃菜！"小宝笑嘻嘻地说。

蜥脚类恐龙的足迹化石

我们俩谁更大？

"通过脚印，我们能判断一头恐龙的大小。不止如此，恐龙的这些足迹化石还能给我们带来很多关于恐龙的其他信息呢！"我解释着。

"难道通过脚印还能看出恐龙是吃肉的还是吃素的？"罗胖真是时时刻刻想着吃。

"当然。吃肉的恐龙一般属于兽脚类，它们的脚多呈三趾形，有点像鸡爪，但是要比鸡爪大得多；而吃素的蜥脚类恐龙的脚一般是圆形或卵形的，有些还有脚趾的痕迹。"我回答罗胖。

兽脚类恐龙的足迹化石　　　　　　　　兽脚类恐龙的脚

小宝问："按道理来说，恐龙那么重，一踩一个坑，足迹化石应该有很多很多啊！为什么我们找到的并不多呢？"

汉斯差点笑出声："天啊！你以为是按指纹那么容易吗？恐龙足迹化石既罕见又珍贵。要知道，只有条件非常合适的时候，恐龙的脚印才能保存下来。首先，恐龙要踩在软硬适中的地面上，太硬的地面踩不出脚印，太软的地面脚印留不住。当恐龙留下完美的脚印后，这个脚印要暴露在空气中被晒干、硬化，再被沉积物覆盖，最后变成足迹化石。用一句话简单来说，足迹化石的形成需要'天时地利龙和'。这三者缺一不可。"

我猜你知道

兽脚类恐龙的脚印一般呈＿＿＿＿＿＿；蜥脚类恐龙的脚印一般呈＿＿＿＿＿。

我将恐龙足迹化石用相机拍了下来。汉斯和我经过分析后认为这两块可能是长生天龙的足迹化石。

小宝好奇地问："为什么这里会有长生天龙的脚印呢？"

汉斯想了想，对孩子们说："这是一个关于成长的故事，你们想听吗？"

孩子们开心地点点头。

大约 1 亿年前，一头长生天龙正在湖边喝水，水里突然有响动，把它吓得跑得远远的。

它身边的一个同伴感到很奇怪："水里面只有一群玩耍嬉戏的鱼，你为什么那么害怕呢？"

它没有回答，只是默默地低着头走开了。

时间一长，它有了一个"胆小鬼"的外号。这个外号让它很难过。

那天，它表现得害怕是有原因的。在它很小的时候，它曾和兄弟姐妹一起生活在森林深处。年幼弱小的长生天龙是肉食性恐龙眼中的美味食物，这些可怕的肉食性恐龙想伺机将它和兄弟姐妹吃掉。

每天早晨一睁眼，它们就有可能看见肉食性恐龙正张着血盆大口准备把它们当早餐。晚上还没睡觉，它们也可能就会被肉食性恐龙捉去当作夜宵。

后来，它的胆子越来越小，一点点风吹草动都会把它吓得瑟瑟发抖。

它和兄弟姐妹正想吃一点鲜嫩的树叶时，肉食性恐龙也许就藏在树丛中。它们想和小翼龙玩耍时，肉食性恐龙便狞笑着跳了出来。可怜的小长生天龙每天生活得战战兢兢的，生怕自己成为肉食性恐龙的美味佳肴。

有一天，它最好的朋友约它到湖边散心。刚刚下过雨，空气潮湿，地面柔软舒适，走一走、聊聊天的确是消磨时间的好方法。

这对好朋友每走一步都地动山摇。突然，一群肉食性恐龙跑了出来，在它们身边乱蹿。

它害怕极了，仿佛小时候的噩梦再次出现。它内心想着："这些可怕的家伙又出现了，它们会吃了我吗？" 它巨大的身体开始颤抖，一步一步地跑了起来。
朋友急忙叫住它："快停下，你看！"
它很不解地喊着："快逃命啊！它们会吃掉我们的！"

朋友示意它："你看地上的脚印！"

它回头一看，地面上果然有一些杂乱的脚印。

朋友鼓励它："你是因为从小害怕，所以长大后还对它们有心理阴影。小时候的你很弱小，可是现在不一样了。你看，中间那个巨大的脚印是你的，而旁边那些散乱的、小小的脚印是肉食性恐龙的。"

"现在它们在你面前显得那么渺小，你不用再害怕了！"

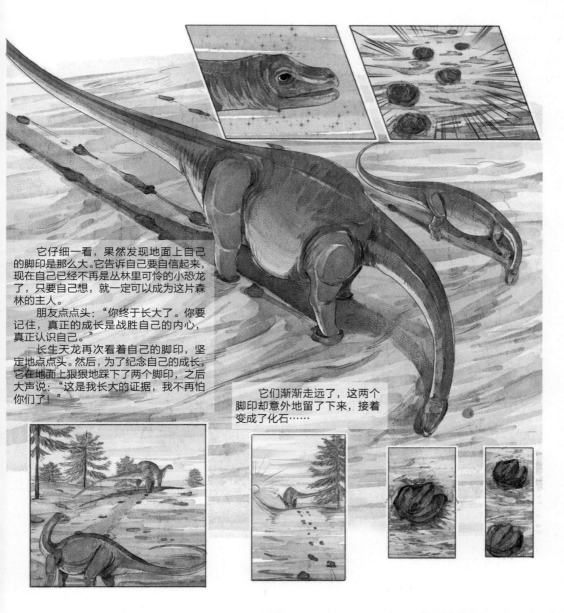

它仔细一看，果然发现地面上自己的脚印是那么大。它告诉自己要自信起来，现在自己已经不再是丛林里可怜的小恐龙了，只要自己想，就一定可以成为这片森林的主人。

朋友点点头："你终于长大了。你要记住，真正的成长是战胜自己的内心，真正认识自己。"

长生天龙再次看着自己的脚印，坚定地点点头。然后，为了纪念自己的成长，它在地面上狠狠地踩下了两个脚印，之后大声说："这是我长大的证据，我不再怕你们了！"

它们渐渐走远了，这两个脚印却意外地留了下来，接着变成了化石……

"原来这两个足迹化石的形成过程这么曲折呀！我突然想到了一个好主意，我们也在这里留下几个脚印，说不定几千万年后也会被后人发现呢！"罗胖的提议让小宝和艾米丽觉得很新奇，于是他们在地面上走出了几串脚印。

可是，这里刚刮完一阵沙尘暴，地面上还有一层薄薄的风沙在移动，他们刚走出的一串脚印不一会儿就被风沙掩盖了。

遭遇野狼

由于足迹化石实在太大，我们无法带走，因此只能先拍一些照片。下一次再来的时候，这片区域说不定就被风沙彻底掩盖了。此时，我和汉斯忙着拍照片，孩子们在周围玩耍，而宝音大哥的神情变得严肃起来。他示意大家安静，然后匍匐着往前爬去。

汉斯解释说："宝音大哥是沙漠里最有名的猎手和向导，他肯定是发现了强大的猎物。只有猎物才能激发出猎手的最佳状态，就如同我们找到了化石一样。"

不一会儿，宝音大哥就回到骆驼旁边，手握猎枪，加强戒备，又指着恐龙足迹化石不远处的几个浅浅的脚印说："恐龙的大脚印并不可怕，这些小脚印才可怕。你们仔细看这些脚印。"

嘘！大家别出声。

大家仔细观察后发现，地面上果然有一些小小的脚印。因为沙尘的原因它们异常清晰，这表明这种动物刚走过去。这些脚印的形状看起来有点像梅花，和狗爪相似，却和狗的脚印有一点区别。

"这是狗留下的脚印吗？"罗胖小声地问道。

"罗胖，是不是你家的哈士奇跟来了？据我所知，它也是个吃货。"小宝开着玩笑。

"不可能，我家的'二哈'脑袋不太聪明，怎么会跟来？"罗胖认真地说。

这些脚印是……

"你们两个别斗嘴了，这应该是狼的脚印。"艾米丽小声说道。

此时宝音大哥蹲下来，用衣物包裹住小石头，然后围在脖子上，又大声让其他人马上照做。

我一脸茫然地问："宝音大哥，你在干什么？"

宝音一脸严肃地说："肉食动物在捕食的时候会撕咬猎物的脖子，我们得先把脆弱的地方保护起来。"

狼要来了！

罗胖有些害怕地问："叔叔，这里有一群狼，还是一匹狼？"

宝音大哥摇摇头："我也不确定。"

汉斯想了想："这个狼群的规模应该不大，可能是两只大狼带着一些小狼。"

小宝惊奇地问："汉斯叔叔，你是怎么判断出来的？"

汉斯笑了："我就是研究脊椎动物的啊！蒙古狼非常聪明，最喜欢的猎物就是落单或者受伤的大中型动物，当然条件不好的时候也不会挑食。狼不一定打得过成年人，但是可能会对人造成一定的伤害。我的老师曾经对我说，如果在野外遇到狼，要保持站立状态，慢慢打开双腿，解开衣服，再把衣服拉开，这样在狼眼中显得比较高大，然后立刻寻找自卫武器，比如石头、木棒等，向对方投掷。"

宝音大哥不可思议地看着汉斯："你很厉害啊！这可是我们猎人的防身秘籍。"

汉斯高兴地拍了拍宝音大哥的肩膀："这些都是根据动物的习性总结出来的，可以在书本里读到。亲爱的大哥，您才是真的厉害！"

宝音大哥带着我们转到另一个沙丘。此时，一匹狼面带凶光，露出锋利的牙齿，恶狠狠地看着我们。

我往狼身后一瞧，居然还有三四匹小狼。原来是一匹勇敢的狼妈妈在保护自己的孩子。

母狼一直盯着我们。宝音大哥害怕它突然扑过来伤害大家，于是举起了猎枪，对准母狼。

另一边，母狼把小狼藏在身后。我想，它应该很怕猎枪，但是为了保护自己的孩子，不得不克服内心的恐惧，勇敢地用身体挡在枪口瞄准的位置。突然，它发出一声深沉、骄傲的嗥叫。这是一种不驯服、对抗性的悲鸣。它眼神坚定，似乎做好了决一死战的准备。

就这样，我们和母狼对峙了很久。看来，它只是想让我们离开，并不想伤害我们。于是，我们慢慢地后退，但眼睛还是看着那匹母狼。在没有彻底离开这里之前，谁也不敢放松警惕。

就在我们快要离开这个沙丘的时候，罗胖没留意脚下的石头，一下子滑倒了。他一屁股坐到了地上，疼得大叫起来。完了，这下场面失控了。母狼纵身逼近了我们，整个身体拱得高高的，连毛都竖了起来，眼睛里透着凶狠的绿光，一副即将发起攻击的样子。

艾米丽被吓得哭了起来。汉斯赶快把艾米丽抱在怀里，一边警觉地望着母狼，一边低声安慰着艾米丽。

汉斯的这一举动似乎让母狼感应到我们没有恶意，缓解了它的紧张情绪。只见它一步一步地后退，我们也一步一步地后退，双方的距离越来越远。

宝音赶快把坐在地上的罗胖扶起来。因为我们还没有离开母狼的视线，任何一个微小的举动或声音都有可能让它再次紧张起来，所以罗胖只是面露痛苦的表情，不敢用手揉一揉屁股，更不敢和别人说自己的屁股有多疼。

我们成功地离开了母狼的领地。在往回赶的路上，只听见"哎哟"一声，罗胖又被绊倒了。我赶紧过去扶他起来。罗胖脚下的石头引起了我的注意。这可不是一块普通的石头。我和汉斯急忙用工具将其周围的沙子和碎石清除，不到一个小时就挖出了5颗巨大的牙齿化石。我和汉斯异常兴奋，因为我们知道这种大型牙齿是暴龙科的恐龙特有的，但此时我俩不敢大喊大叫，只好轻轻击掌庆祝，生怕再出什么状况。回到帐篷里，我们才开始细细研究这几颗恐龙牙齿化石。

几个小家伙对我们的研究充满好奇。

小宝满脸疑惑："老爸，这些是肉食性恐龙的牙齿化石吗？"

我点点头。

罗胖用手比量了一下："这些是哪种恐龙的牙齿化石，怎么这么大？它们难道是霸王龙的牙齿化石吗？"

我摇摇头："霸王龙化石大多分布在北美洲，在亚洲很少见，所以这些应该不是霸王龙的牙齿化石。"

我们发现了"恐龙王"的牙齿化石。

汉斯激动的神情中带着一丝克制，和平时大大咧咧的样子完全不同："这些不是霸王龙的牙齿化石，而是特暴龙的牙齿化石。"

3个小家伙异口同声地说道："特暴龙？"

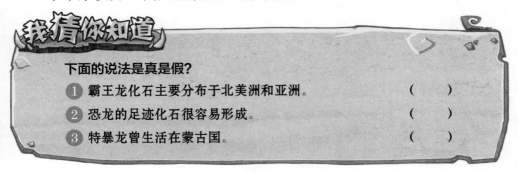

我猜你知道

下面的说法是真是假？

1. 霸王龙化石主要分布于北美洲和亚洲。 （　　　）
2. 恐龙的足迹化石很容易形成。 （　　　）
3. 特暴龙曾生活在蒙古国。 （　　　）

亚洲短手战士

汉斯坐了下来,轻轻地抚摸着牙齿化石说:"霸王龙和特暴龙都属于暴龙类。暴龙是一种肉食性兽脚类恐龙。早期的暴龙多为小型猎食者。到了白垩纪晚期,暴龙体形变大,前肢变短,演化出了强壮的身体和巨大的头部,从而占据了陆地食物链顶端。暴龙家族的成员有雷克斯暴龙、特暴龙、惧龙、蛇发女怪龙等,其中的雷克斯暴龙就是我们熟悉的霸王龙,是一种体形比较大的暴龙。霸王龙是一种非常凶残的恐龙,拥有巨大的牙齿。成年霸王龙的咬合力最高可达12万牛顿,嘴巴就像是一台骨骼破碎机。可以说,其凶猛程度稳居陆地生物第一名,是恐龙世界的'暴君'。"

可怕的暴龙家族!

艾米丽好奇地问："霸王龙和特暴龙相比，哪个更厉害？"

汉斯很认真地思考了一下："特暴龙生活在约7000万年前的亚洲，它们的化石在蒙古国和中国的部分地区出土，但是一般比较破碎，而且数量稀少。人们曾经复原过长达12米的特暴龙化石。一般来说，其平均体长约为10米。特暴龙没有霸王龙强壮，吻部也比霸王龙的窄，但是咬合力非常惊人。它们是当时亚洲地区最强大的肉食性恐龙。至于霸王龙和特暴龙哪个更厉害，现在还没有具体的科学结论。不过，人们经过分析，发现特暴龙的前肢比例是所有暴龙中最小的。"

"哎，真悲哀，这种小手都不能挠痒痒，就别说搏斗了。"罗胖无奈地说。

"特暴龙虽然不能给自己挠痒痒，但是别的恐龙可以帮它啊！你挠我，我挠你，互相帮助呗！"艾米丽得意地说着。

小宝惊呼："天啊，谁敢给特暴龙挠痒痒啊？那不相当于我们人类拿着稻草戳老虎的鼻孔吗？"

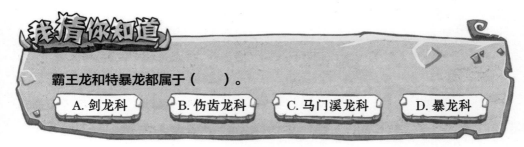

我猜你知道

霸王龙和特暴龙都属于（　　）。

A. 剑龙科　　　B. 伤齿龙科　　　C. 马门溪龙科　　　D. 暴龙科

小宝想了想，又问道："原角龙从亚洲走到北美洲，演化出各种各样的角龙。那么，是特暴龙从亚洲走到北美洲，变成了霸王龙，还是霸王龙从北美洲走到亚洲，变成了特暴龙呢？"

汉斯摇摇头："都不是。有科学家认为特暴龙只是霸王龙的亚洲种，即它们是亚洲的霸王龙；也有科学家认为霸王龙和特暴龙只是平行演化的结果，它们的关系有点像狮子和老虎的关系。"

"最近几年，中国的古生物学家在山东发现了特暴龙的近亲——诸城暴龙。"我补充道。

霸王龙和特暴龙是亲戚。

小宝开心地说："我们中国也有暴龙啊！"

我点点头："是的，诸城暴龙是暴龙科中的一种大型肉食性恐龙，生存于白垩纪晚期，是目前国内发现并命名的最大的暴龙科成员，体形比其近亲特暴龙还要大。诸城暴龙口中长有非常锋利的牙齿，咬合力大得惊人。虽然它们的前肢比较短小，但是后肢强壮且肌肉发达。"

"那诸城暴龙打得过霸王龙吗？"罗胖好奇地问。

"诸城暴龙的外形和其他暴龙相似，体长为10~12米，而霸王龙的体长为12~15米。从体形上讲，诸城暴龙不占优势。但是，还有一个很实际的问题，那就是它们生活在不同地区，想让它们打上一架是不太可能的。"我解释着。

"张老师，诸城暴龙和特暴龙都生活在亚洲，会不会打架呢？"罗胖对暴龙打架的问题还真是执着。

"这个问题很有趣。特暴龙不止出现在蒙古国，在中国也曾出现，只不过人们在中国发现的特暴龙化石是零散的碎片；而诸城暴龙的生活范围也不仅仅是诸城。所以，我认为二者是有机会相遇的。不过，这种大型食肉动物和现在的老虎一样，有自己的领地。它们如果真的遇到了，可能是一方误闯入另一方的领地。那时候双方肯定要打一架。"

汉斯想了想，说着："孩子们，听故事的时间到了，你们想不想听终极之战的故事啊？"

孩子们瞬间安静下来，聚在了一起。

白垩纪晚期的蒙古国地区是恐龙的乐园。这里植被丰富。气候宜"龙"，许多恐龙在这片土地上繁衍生息。

一头特暴龙慢慢地走了过来。周围的所有动物，上至自在飞翔的翼龙，下到栉龙、纳摩盖吐龙等，看到它后一瞬间全都四散而逃，唯恐成为它的胃中食。

特暴龙神情狂傲，睥睨一切，仿佛在得意地宣布："我是这里的王，我主导一切。"

突然，它闻到了一股奇怪的气味。这种气味很特别，让它感到既熟悉又陌生，还带着一丝血腥和危险。这要是换作其他恐龙，早就退避三舍了。特暴龙反而从骨子里兴奋起来。

一声低低的嘶吼传来，两边的树木应声倒下。

一头硕大的恐龙咆哮着出现在它的面前。特暴龙不禁愕然。它发现这头恐龙居然比自己还要高大。

特暴龙谨慎地观察着诸城暴龙，它比自己更高大威猛，而且后肢更强壮。一般情况下它是不会随意挑战比自己强大的对手的，但是对方已经到家门口了，如果举手投降，那么在这里就无立足之地了，硬着头皮也得上啊！

来者正是诸城暴龙。它之前被另一头诸城暴龙打败了，于是开始四处游荡。此时，它已经进入了特暴龙的地盘。

特暴龙咆哮着，仿佛在说："你是谁？来自哪里？要到哪里去？"

特暴龙一边咆哮一边狠狠地撞向诸城暴龙。嘭！嘭！嘭！

周围仿佛地震一般，附近的树木都跟着不停地晃动。其他恐龙见状，纷纷躲避。一向不爱凑热闹的翼龙居然前来观看这场终极战斗。

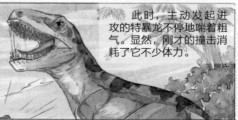

此时，主动发起进攻的特暴龙不停地喘着粗气。显然，刚才的撞击消耗了它不少体力。

诸城暴龙也在喘息，但是状态明显比特暴龙好很多。第二回合是诸城暴龙发起的。只见它向天怒吼，神情狰狞，跃身而起，径直撞向了特暴龙。

又是一阵地动山摇后，特暴龙终于认识到对手的可怕和凶残。它趁着自己还有力气，突然发起第三回合的撞击，并且用如铁柱一般的尾巴扫向诸城暴龙柔软的腹部。

占了上风的诸城暴龙灵活地躲开了特暴龙的攻击，随即发出低低的嘶吼，似乎在说："你就这一点能耐啊？"

特暴龙张开了血盆大口，亮出了自己匕首一般的尖牙。

诸城暴龙也不甘示弱地亮出牙齿。两只暴龙不约而同地扭身咬向对方的脖子，但是特暴龙的嘴巴比诸城暴龙的嘴巴窄，脖子也没有那么灵活，它的颈部一下子就被诸城暴龙的尖牙穿透了。

特暴龙感到一阵剧痛，拼命挣扎，身体猛烈地撞向诸城暴龙，这才摆脱了诸城暴龙的撕咬。它很愤怒，也很绝望，疯狂地朝诸城暴龙咬去。

特暴龙的这一举动彻底激怒了诸城暴龙。于是，两头暴龙又撕咬起来。不一会儿，它们俩浑身是血，皮开肉绽。看来，这是一场不死不休的终极之战……

终于，特暴龙因体力不支倒了下去，血越流越多，它的意识渐渐模糊。不一会儿，这只特暴龙在自己的领地永远地闭上了眼睛。

诸城暴龙喘着粗气，蹒跚地向着家乡的方向走去。

也许它走不回去了，但是它不后悔，既然是顶级的掠食者，就一定要和顶级的高手对决，这样才"不负龙生"。

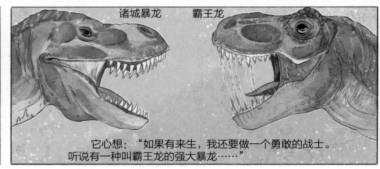

诸城暴龙　　霸王龙

它心想："如果有来生，我还要做一个勇敢的战士。听说有一种叫霸王龙的强大暴龙……"

"这也太残忍了！"艾米丽有点同情这两头暴龙。

"一点都不残忍，这种现象是很常见的，比如两头雄狮为了争夺地盘也会打个你死我活。"小宝说。

"感谢我们的祖先，让人类终于脱离了低级的动物属性，具有道德和文明！"罗胖感慨着。

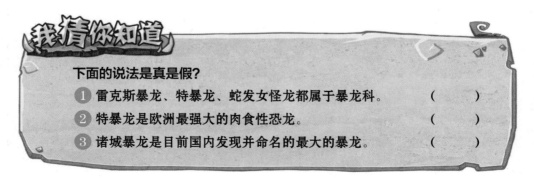

我猜你知道

下面的说法是真是假？

1. 雷克斯暴龙、特暴龙、蛇发女怪龙都属于暴龙科。　　（　　）
2. 特暴龙是欧洲最强大的肉食性恐龙。　　（　　）
3. 诸城暴龙是目前国内发现并命名的最大的暴龙。　　（　　）

智斗"化石大盗"

"FM计划"还在进行中，我们依然在寻找恐龙化石的路上。一阵"突突"的声音传来。宝音大哥是经验丰富的猎人，耳朵相当灵敏。他立刻停下来，一下子抄起了背后的双筒猎枪。汉斯和我的反应也相当迅速。我们默契地调转骆驼，一左一右地站在宝音大哥身旁，把3个孩子挡在身后。我们每个人都紧张地扫视着自己的前方。

大家提高警惕！

那声音由远及近，我越听越觉得有点像车子的马达声，可这里是人迹罕至的戈壁，怎么会有车呢？就在我有些纳闷儿的时候，远处的山丘上出现了一个快速移动的物体，并且不断冒着黑烟。我定睛一看，发现居然是一辆非常老旧的拖拉机正向我们行驶过来。

更让我目瞪口呆的是，拖拉机上坐着一个外国青年。他两只手握着拖拉机的方向盘，一身典型的西部牛仔打扮，头上戴着大大的帽子，穿着牛仔裤和黑色的靴子，身后背着一把冲锋枪。车子开到我们面前时，他只是脱了帽子向我们致敬，然后没说一句话就走了。

汉斯紧张地说道："张，你看！拖拉机后面仿佛拉着很沉的东西，难道是化石？"

"没错，难道他是'化石大盗'？"我生气极了。

我们这些古生物研究者把化石看得比性命还重要，最恨的就是那些偷偷挖掘并破坏恐龙化石的盗贼。他们利欲熏心，觊觎着地下远古化石宝藏，非法大肆盗采化石，导致大量珍贵的恐龙化石被贩卖。这些偷盗者常常将完整的骨骼取走。更可气的是，有些偷盗化石的人会故意破坏宝贵的恐龙头骨化石。要知道，成千上万头恐龙之中也许只有一头恐龙的头骨能够形成化石，而形成的头骨化石或许只有万分之一的概率能够保存下来。

我握紧了拳头，心想：如果眼前的外国青年真的是化石偷盗者，我一定要让他吃些苦头！我追上去，想和他理论一番。

汉斯急忙拦住我："千万别冲动！他手里有冲锋枪，火力很猛，我们根本不是他的对手。"

我想了想："虽然我们不能和他起正面冲突，但是我们可以智斗啊！咱们先找到他的营地，然后见机行事。"

大家悄悄地顺着拖拉机的痕迹一直往前走。孩子们一脸天真，并不知道我们其实正处在非常危险的境地。小宝还很兴奋："天啊，我有一种激动的感觉。我是正义的化身，我要保护珍贵的恐龙化石！"

罗胖非常小声地说："咱们要不要做几个面具？就做看起来特别酷的那种！再穿上长披风，简直帅翻了！"

> 顺着车辙，我们就能找到他！

艾米丽笑得眼睛弯弯的："你和小宝不要被'化石大盗'吓得尿裤子！"

就这样马不停蹄地走了将近10千米，我们发现了一大片低凹平地。一顶红色的帐篷立在那里，很是显眼，帐篷旁边停着我们之前看到的那辆拖拉机。

我们躲在一块大石头后面观察了快半个小时，发现帐篷周围没有人，便立刻向帐篷走去。我们走进帐篷,发现里面果然有一些恐龙骨骼化石。可恶的"化石大盗"居然把各种化石编了号。汉斯脱下衣服,小心翼翼地将化石包裹起来。我看见帐篷的角落处还有一排铁皮桶,打开桶盖,一股刺鼻的味道飘了出来。

　　这是柴油。看来,这个可恶的家伙是想"大干一场"呢。

　　我小声说道:"我们趁他还没回来,赶快搬走这些柴油!"

　　罗胖一脸疑惑:"张老师,我们又没有拖拉机,拿走柴油干什么?"

　　我一边拿铁桶一边说道:"那个家伙没有其他运输工具,一旦油料丢失,便寸步难行。这样一来,他的偷盗计划就落空了。"

　　汉斯、宝音大哥和我将一桶桶柴油与恐龙化石都搬到骆驼身上,然后赶紧离开了这个地方。

　　我们找了一个背风处,用"偷"来的柴油生火,美美地吃了一顿烤黄羊肉。吃饱喝足后,我和汉斯开始研究这些化石。

　　小宝眨了眨眼睛:"你们说,'化石大盗'回到帐篷后发现化石和柴油都丢了,会怎么样?"

　　罗胖抹了抹嘴上的羊油:"他肯定会气急败坏,但又无可奈何。"

　　我们想到"化石大盗"抓狂的模样,哈哈大笑起来。

　　小宝想了想,对我说:"爸爸,咱们中国的兵法里不是有个计策叫'回马枪'吗?不如我们给'化石大盗'来个回马枪吧!"

我给听不懂的宝音、汉斯和艾米丽解释道："回马枪的意思是给对手造成撤退的假象，然后出其不意地回头一击。'化石大盗'肯定以为我们拿走他的化石和柴油，就不会再回去了。现在咱们来个回马枪，看看他还偷了什么其他宝贝！"

汉斯竖起大拇指："中国兵法真是妙不可言！"

于是，我们蹑手蹑脚地回到"化石大盗"的营地，没有了燃料的拖拉机停在帐篷前，仍然不见"化石大盗"的踪影。我们再一次走进帐篷，发现这里多了几枚恐龙蛋化石。

看见恐龙蛋化石，我和汉斯眼睛直发光，赶紧走了过去。

"这些恐龙蛋化石如果是在野外挖掘的真化石，那么一定非常珍贵。我们还是帮'化石大盗'保管吧！"汉斯说完就把蛋化石拿起来。正要把化石放到骆驼背上的时候，他突然大叫一声。原来汉斯在阳光下清清楚楚地看到，这几枚蛋化石的表面纹路弯弯曲曲的，看起来有点不自然。于是，他急忙拿出放大镜仔细观察。他发现，沿着蛋皮破裂的缝隙，竟然看不到里面的卵膜！

我心里一沉，着急地用袖子蘸着水擦拭恐龙蛋化石，居然擦下来一层红色的黏土，再使劲擦，只见蛋皮脱落，露出了光滑的鹅卵石。我垂头丧气地说："这些根本就不是真的恐龙蛋化石，而是用鹅卵石制作的赝品。"

宝音大哥不解地问："这是谁干的？他的目的是什么？"

此时，从峭壁侧面跳出一个高大的人影，手里端着冲锋枪，正是那个"化石大盗"！他严肃地用意大利语说："不许动！"

　　我们双方的战斗力不相上下，他只有1个人，而我们有3个人（3个小孩子没什么战斗力，就不算他们了），但是我们的武器装备不如他。

　　为了打破僵持的局面，汉斯试图安抚他："请不要紧张，我们没有恶意。"

　　"化石大盗"没有想到汉斯会说意大利语，先是愣了一下，然后说道："恐龙化石是非常宝贵的，你们不能带走。"

　　听见他这样说，我有些吃惊，心想："化石大盗"的思想境界都这样高了吗？

　　汉斯继续和他沟通："买卖恐龙化石是违反法律的行为，你也不能带走。"

　　"化石大盗"生气地问："你找恐龙化石做什么？"

　　我赶紧拿出证件，用英语说道："我是研究古生物的科研人员，来这里寻找具有科学价值的恐龙化石。"

　　"化石大盗"愣了好久，然后递给我一份挖掘化石的审批材料，接着捧腹大笑，差点笑出眼泪。他用汉语说道："天啊，我居然把你们当成了偷化石的贼！我叫安东尼奥，意大利人，也是研究古生物的科研人员。我来这里进行科学考察。"

我对他说:"来这里找恐龙化石可是有风险的。"

安东尼奥慢条斯理地说:"前几年我跟日本的科研机构有个恐龙课题的合作,合作导师是大久保敦,他的研究材料来自蒙古科学院古生物与地质研究所。"

听到他说大久保敦,我马上问道:"就是那个留着大胡子的大久先生?"

安东尼奥惊奇地看着我:"你们认识?"

"当然! 1999年,我与日本文部科学省有个国际合作项目——东亚恐龙考察。那时,大久先生作为日方科学代表,和我在蒙古国南戈壁共事了20多天。没想到,今天我在这里遇上了大久的学生,真是太巧了。"刚才的紧张气氛瞬间化解了。

这真是一个天大的误会:我和汉斯错把安东尼奥当成了"化石大盗",安东尼奥也觉得我们是盗取化石的贼。我们对彼此都有很深的误解啊!

误会终于消除了。接下来,我们共同探讨了之后的行程。于是,我们的探险小队又多了一个成员。

晚饭时,安东尼奥非常得意地说道:"你们都被我伪造的恐龙蛋化石骗了吧?哈哈,我在鹅卵石外侧粘了一些特殊的蛋皮。"

我笑着对他说:"当然也怪我们不够认真。不过,话说回来,在戈壁工作,谁会把时间用在制作假化石上啊?你是第一个吧!"

安东尼奥的加入让探险队变得更热闹了。意大利人那种外向、乐观的性格在他身上表现得淋漓尽致。他特别擅长赞美和夸奖。

安东尼奥站在帐篷的角落,一边看着朝阳一边很大声地对我说:"张,快看,朝阳是多么有趣,就像我吃过的意大利牛排一样,颜色鲜红诱人!这时候要是有意大利面就更好了!"

我捡来干枯的树枝准备生火。安东尼奥很夸张地对我说:"张,你捡的枯枝有点像油炸薯条。那可是我的最爱,我一次能吃一盘。"

他热情地拥抱罗胖,亲密地拍着罗胖的肩膀,夸道:"好男孩!你是强壮的男子汉!"这话弄得大大咧咧的罗胖都有点不好意思了。

然后,他又握了握艾米丽的小手说:"勇敢又漂亮的美国小姑娘,你骑骆驼的样子简直太帅了。"

艾米丽落落大方地说:"谢谢你的夸奖,安东尼奥叔叔。我想,我需要再学习一些野外求生的技能。"

接着,他走到小宝面前:"中国小伙子,你居然懂得这么多恐龙的知识,简直是宝藏男孩!"

你们都是勇敢的好孩子!

小宝特别惊讶:"你连中国的网络词语都知道!太厉害了!"

安东尼奥骄傲地说:"我可是'中国通'呢。前几年我去过北京、上海、西安、广州等地。直到现在,我还怀念煲仔饭和肉夹馍呢!"

"你这是为了美食到处游走啊。听你说完我都饿了。"罗胖对美食没有一点抵抗力。

很快,安东尼奥成了探险小队的"孩子王",罗胖、小宝和艾米丽这3个孩子一直围着他转。

我笑着对汉斯说:"你看,孩子们真的很喜欢安东尼奥,咱们俩已经'失宠'啦!"

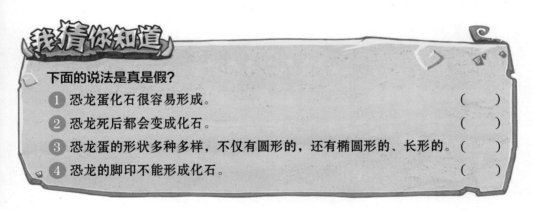

我猜你知道

下面的说法是真是假?

① 恐龙蛋化石很容易形成。　　　　　　　　　　　　　　　(　　)

② 恐龙死后都会变成化石。　　　　　　　　　　　　　　　(　　)

③ 恐龙蛋的形状多种多样,不仅有圆形的,还有椭圆形的、长形的。(　　)

④ 恐龙的脚印不能形成化石。　　　　　　　　　　　　　　(　　)

有趣的新成员

第二天，我们和安东尼奥一起踏上了寻找化石的旅程。

不得不说，安东尼奥是一名非常优秀的古生物学家，虽然看起来有些不拘小节，但是对待化石的态度却异常严谨。每找到一块化石，他都会反复观察研究，并和以往文献中记录的化石进行比较。

艾米丽感到很不解："我在爸爸的实验室见过那种三维图形的新技术，机器扫描骨骼化石后，计算机开始工作，仅用几个小时就能打印出活灵活现的恐龙图像。那样多简单啊！"

安东尼奥耸了耸肩："亲爱的艾米丽，我想问你，我们现在用来挖恐龙化石的工具是什么？"

研究化石需要一百分的耐心。

小宝手拿铁锹，抢答道："锤子、铁锹、粗麻袋……"

安东尼奥点点头："我们人类约有200年的恐龙研究史，但是在这200年里，所用到的工具却没有太大变化，挖掘方式依旧相对原始，各种精密的仪器也只是起到辅助作用。研究古生物一定要有足够的耐心。这些恐龙化石经历了几千万年的沉睡才和我们相遇，我们必须用心对待它们，才能从它们留下的蛛丝马迹中探寻到秘密。"

艾米丽若有所思。

安东尼奥的虔诚好像得到了回报，我们在一块洼地寻找化石时，安东尼奥挖出了一块恐龙爪子化石。通过化石，我们能明显看出这只恐龙的爪子上有3根锋利且弯曲的指爪。

"这爪子真够锋利的，要是被这样的爪子抓伤，那不得皮开肉绽！"罗胖想象着被恐龙抓伤的场景，还表现出有些害怕的样子。

"爪子是一些恐龙的武器，比如伶盗龙、镰刀龙等。尤其是镰刀龙，可以说在恐龙家族中，它们的爪子可是数一数二的。"我对孩子们说。

"镰刀龙？难道它们的爪子有镰刀那么大？这也太恐怖了！"小宝惊叹道。

"镰刀龙是一种非常奇特的恐龙，具有大型前肢，每一前肢上都长着3根很长的利爪。这么厉害的利爪足以使对手望而生畏。你们猜，它们是植食性恐龙，还是肉食性恐龙？"

"镰刀龙的大爪子一定是用来捕食猎物的。所以，我觉得它们是肉食性恐龙！"小宝非常笃定地说。

镰刀龙爪子化石

罗胖赶快摇头："那可不一定，'大镰刀'也有可能是用来扎水果的！我猜它们吃素！"

我差点儿笑出声："别争论啦，镰刀龙虽然长着吓人的大爪子，却多以植物为食。至于罗胖说的'扎水果论'，有点儿不科学。虽然在镰刀龙生活的白垩纪被子植物已经出现，但是当时是否有水果还不好说。"

艾米丽很好奇地问："可是，人们又是怎么知道镰刀龙爱吃植物，不爱吃肉的呢？"

我告诉她："镰刀龙的嘴巴形态不适合撕咬肉类，反而很适合吃植物，而且它们的肚子特别大，巨大的腹部是植食性恐龙的典型特征。因此，很多古生物学家推测它们会用自己的长手臂和大爪子抓取树上的叶子。"

孩子们异口同声地说："原来如此！"

汉斯一直专注地测量着眼前的恐龙指爪，突然激动地说："不要再讲镰刀龙的故事了！天啊，我们居然找到了完整的伶盗龙爪子化石！张，我们马上就要完成约定了！"

安东尼奥接过指爪："看上去果然很完整。我们继续挖一挖，没准能够挖出一具完整的伶盗龙化石呢！"

大家士气大振，每个人都在卖力地挖着。汉斯在指爪的前方找到了伶盗龙的头骨化石。这具头骨化石基本完整，上面一排排锋利的尖牙非常耀眼。汉斯高兴极了，抱着艾米丽转了好几圈："天啊，我太兴奋了！我们终于找到伶盗龙化石了！"

他放下艾米丽，又抱住我："张，我的梦想终于实现了！15年啊！整整15年了！"

汉斯又用力抱了抱安东尼奥："谢谢你，安东尼奥，你的加入让我们有机会发现伶盗龙化石。"

安东尼奥夸张地大叫："天啊！汉斯，快放开我，我要喘不过气了！"

大家哈哈大笑起来。

探险队的每一位成员都干劲十足。安东尼奥一边挖一边很兴奋地说："快把我的神器拿过来！"

孩子们一听居然有"神器"，个个兴奋得摩拳擦掌，帮安东尼奥拖来一个大袋子。

打开袋子，孩子们面面相觑："安东尼奥叔叔，这些像粉笔灰一样的粉末是什么东西？"

汉斯惊喜地说道："伙计，真有你的，居然带来了做皮劳克的原料。"

小宝忍不住问："什么是皮劳克？"

安东尼奥表现得神神秘秘的，还故意模仿魔术师行礼："女生们、先生们，下面见证奇迹的时刻到了。"

他将袋子里的粉末和水混合，搅拌了一会儿，粉末变成了稀泥一样的东西。

罗胖望着安东尼奥手中的"浆糊"问道："安东尼奥叔叔，你在玩泥巴吗？"

安东尼奥没有作声，拿起刚挖掘的伶盗龙爪子化石，清理掉化石表面的浮土，然后在化石表面铺上麻纸，又用小刷子蘸水涂刷麻纸，让麻纸更服贴地附在化石表面。

之后，安东尼奥开始往化石上抹"泥巴"，抹了一层又一层，接着拿出麻袋片，剪成化石大致的样子后，把麻袋片浸入"浆糊"里，然后迅速捞出并裹在化石上，再把麻袋片延伸到化石底部，箍紧定型。

等了一会儿，这些"泥巴"神奇地凝固了，变得像石头一样坚硬，把化石完整地包裹在里面。

孩子们终于看懂了。罗胖兴奋地说："原来安东尼奥叔叔在给恐龙化石制作石头盔甲。天啊，实在是太神奇了！这个加水就能变成石头的粉末到底是什么啊？"

汉斯笑着说："这些是石膏粉。我们在挖掘大型脊椎动物化石的时候，会遇到化石质量比较差的情况。如果仅用木箱或传统的麻袋包裹这些脆弱的化石，我们很难保证能将化石完整地运输回去。最理想的方法是野外浇筑石膏包，把化石包在定型的石膏里。这样我们就可以随时运输化石，也不怕它会损坏了。这种石膏包叫作'皮劳克'。皮劳克是俄文音译过来的词。"

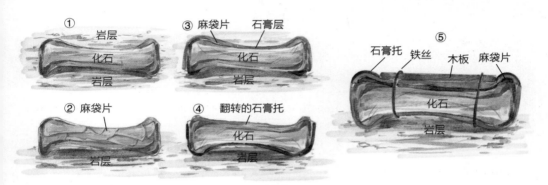

小宝感叹道："太神奇了！我也想试试制作这个皮劳克。"

罗胖坏笑着说："你是想把自己包裹起来吗？那就不叫皮劳克了，那叫木乃伊。"说完，他赶紧蹦蹦跳跳地跑开了。

小宝去追罗胖，两个小男孩揪住对方，谁都不肯放手。我有点担心他们会受伤，刚想上前阻止。汉斯一把拉住我："打闹是他们这个年龄段的特点，尤其是男孩子，通过打闹能增进感情呢！"

安东尼奥点点头："是的，张，我们只要帮助孩子确立正确的打闹原则即可，比如不能使用武器、不许触碰敏感部位等。你就让他们两个闹个痛快吧！"

不一会儿，两个小男孩累了，便一起躺在沙子上休息。安东尼奥笑着对他们说："两个勇猛的小男孩，你们让我想到了一对著名的格斗恐龙——伶盗龙和原角龙纠缠在一起几千万年的故事。"

刚才还累得瘫倒在地的罗胖和小宝一下子有了精神。罗胖摇着安东尼奥的胳膊，着急地说："安东尼奥叔叔，快说说，这两只恐龙为什么纠缠在一起那么久啊？"

"格斗恐龙很擅长打架吗？"小宝问。

"男孩子果然喜欢听刺激的故事。大家快过来呀！"安东尼奥招呼大家过来一起听故事。

8000多万年前，很多恐龙生活在蒙古国所在的地区，每头恐龙都在为自己的生存努力着。

在肉食性恐龙中，最出色的群体应该是伶盗龙。虽然身体并不大，但是伶盗龙有高超的捕食技巧——集体狩猎。它们不仅奔跑速度快，后肢上还长着致命的镰刀状的利爪。

遇到猎物，它们会先用前肢勾住对方，然后一跃而起，再将脚上的利爪扎入猎物腹部，最后用力撕咬猎物的脖子。伶盗龙后肢上的武器是制胜的法宝。

快瞧，这里有一只落单的伶盗龙！在和猎物的搏斗中，它与家族成员走散了。经过一天一夜的寻找，它仍然没有发现其他成员的踪迹。此时，它已经饿得不行了。

伶盗龙的一双大眼睛不停地四处观察，它发现前面的蕨类植物有些异常。灵敏的嗅觉让它亢奋起来，直觉告诉它前面有一窝恐龙蛋。

伶盗龙走了过去，小心地将蕨类植物的叶子拨开，一枚枚恐龙蛋出现在它眼前。

饥饿的伶盗龙被眼前的美食冲昏了头脑，急忙用前爪敲破一枚蛋，还没来得及吃进嘴里，一个黑影就冲了过来，原来是原角龙妈妈。

在伶盗龙尚未站稳之时，它再次发起攻击，这次用的是尖尖的嘴。

原角龙妈妈和眼前的伶盗龙个头差不多，但是它长着大颈盾。

原角龙妈妈用颈盾狠狠地撞向这个偷蛋贼，力度之大，让伶盗龙猛地翻了好几个跟头。

接连两次的撞击把伶盗龙激怒了。它露出锋利的牙齿，然后用像铁钩一样的大爪子攻击原角龙。

刺啦！那是皮肉被划开的声音。它又趁机抓破原角龙的脸颊。

原角龙很愤怒，它发疯似的冲向伶盗龙，还用大颈盾撞击伶盗龙。伶盗龙被颈盾击中，又一次重重地摔在地上。原角龙直接冲了过来，企图将伶盗龙重重地踩在脚下。

伶盗龙躺在原地，想在原角龙冲过来的时候，用前肢勾住原角龙，然后顺势一跃而起，再将脚上的利爪戳向原角龙。

但是，它伤得太重，尝试了几次都没有成功，反而被原角龙狠狠地踩了好几脚。

原角龙更生气了，嘶吼着用颈盾攻击伶盗龙，不给它一丁点儿喘息的机会。

伶盗龙疼得忍不住颤抖、呻吟，仿佛已经落败。

原角龙决定乘胜追击，给伶盗龙致命的一击。

就在这时，伶盗龙突然蹿了起来，使出最后一点力气，用利爪抓住了原角龙脆弱的脖子。

鲜血从原角龙的脖子上流了出来，染红了伶盗龙的前肢。原角龙倒下，伶盗龙也耗尽了最后一丝气力……

一阵狂风卷过来漫天的沙海，它们被迅速埋在沙丘下面。几千万年后，它们变成了化石，一直保持着战斗的姿态。

"原角龙也太可怜了吧！"艾米丽非常同情原角龙的悲惨遭遇。

"伶盗龙很不容易呀，为了一口吃的丢了性命！"小宝说，"罗胖，希望你能从这个故事中明白一个道理——不能太贪吃！"

"我可不会为了吃不顾性命！我只吃自己该吃的东西！"罗胖故作生气地说道。

"你那个'窃蛋侠'的称号是怎么来的？"艾米丽故意问道。

"这个就不要再提了吧！嘿嘿！"罗胖不好意思地说。

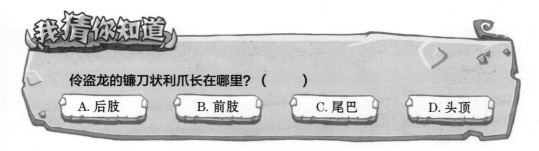

我猜你知道

伶盗龙的镰刀状利爪长在哪里？（　　　）

A. 后肢　　　B. 前肢　　　C. 尾巴　　　D. 头顶

十年之约

  汉斯的心愿完成了，这意味着"FM计划"马上就要结束了。我们依依不舍地在戈壁告别了敬业的向导和英勇的猎人——宝音大哥，然后带着化石坐上安东尼奥的拖拉机，向乌兰巴托驶去。

  拖拉机虽然速度快，看起来很拉风，但是减震效果差，突突的声音也很大。除了司机安东尼奥，我们都坐在拖拉机后面的敞篷车厢里。拖拉机在路上颠簸着，我们也跟随着一起摇摆，只有紧紧抓住车上的栏杆，才会觉得安稳些。

  回到乌兰巴托，小宝揉着自己的屁股，心有余悸地说道："我再也不想去游乐园玩过山车和碰碰车了。这些都没有安东尼奥叔叔的拖拉机刺激。"

罗胖面露痛苦的神情："我的骨头都要散架了！"

艾米丽噘着小嘴说："你们两个真是不懂事，安东尼奥叔叔辛苦地送我们多不容易呀！你们不觉得拖拉机是一种既威风又实用的交通工具吗？它还帮助我们运输了很多化石呢！"

安东尼奥竖起大拇指："帅气女孩！在蒙古戈壁，拖拉机才是车界'顶流'！你们真幸运，不仅坐着拉风的拖拉机，还有我这个技术一流的驾驶员为你们服务。"

回到乌兰巴托后，我们联系了当地的古生物研究所。因为根据蒙古国的法律规定，在野外发现的化石可以打包、装架及命名，但是不能带出国门，只

能留在当地，所以我们联系了当地的工作人员，并把我们发现的化石安置在了古生物研究所里。

安东尼奥对这个研究所非常熟悉，带着我们参观了所里的古生物博物馆以及他的导师"大胡子"曾经工作过的办公室。

孩子们跟着安东尼奥走向展厅，迎面而来的是一具恐龙骨架化石，骨骼看上去非常纤细、轻盈，后肢上长着酷似镰刀的大利爪。这个爪子比其他爪子要大得多。

罗胖有点疑惑："这是什么恐龙？看起来好奇怪啊！它的脚上有一个暗器。"

安东尼奥感叹道："暗器？你的想象力可真丰富。这是蒙古疾走龙的骨架化石。"

小宝挠了挠头："疾走龙？它走得很快吗？它的骨骼为什么比其他恐龙的骨骼单薄很多？"

安东尼奥很认真地回答："疾走龙的特点是有着和成年男子相仿的身高，但体重比幼儿园的孩童还要小。它是一种小型食肉恐龙。你们找找看，它的身上还有一个特点。"

小宝和艾米丽围着蒙古疾走龙的骨架化石转了好几圈，纷纷摇头表示没有什么发现。

罗胖突然有点牙痛，吞止痛片的时候，抬头看了看蒙古疾走龙的牙齿："你们看，这头恐龙的牙尖儿居然向嘴巴里侧弯曲，像小钩子一样！"

这样的牙齿一定很费牙刷。

安东尼奥惊喜地拍了拍罗胖的肩膀："罗胖你真棒！你发现了疾走龙的秘密！疾走龙的牙齿和其他肉食性恐龙的牙齿不同，它的牙尖儿向嘴内侧弯曲。这样，猎物一旦被它咬住，就难以逃脱。"

小宝和艾米丽恍然大悟："原来是这样！"

罗胖得意地说："请叫我疾走龙专家！"

孩子们继续参观，发现了一个"大家伙"——全长将近7米的恐龙骨骼化石。这具恐龙骨架化石颜色偏红，看起来十分漂亮。

罗胖张大了嘴巴："这是什么恐龙？如此与众不同！"

安东尼奥笑了："这是赛查龙，是长着厚装甲、四足行走的植食性恐龙。它生活在白垩纪晚期，分布于蒙古国戈壁地区。"

小宝说："它看起来有点像甲龙。"

这只恐龙穿着盔甲！

安东尼奥点点头："小宝真厉害！赛查龙就是一种甲龙。"

艾米丽一直在观察赛查龙的尾巴："它的尾巴像一个小锤子。"

安东尼奥表扬艾米丽："天才少女！赛查龙的尾巴末端呈骨棒状，可以用来防范袭击者。它的尾巴是一种秘密武器，居然被你发现了。"

前面有一具保存得非常完整的恐龙头骨化石，孩子们一下子就被它吸引住了："这个恐龙的嘴巴长得有点像鸭子嘴！"

安东尼奥笑着说："你们都快成恐龙专家了！这就是鸭嘴龙头骨化石啊！"

"鸭嘴龙？"

安东尼奥点点头："鸭嘴龙生存于白垩纪，因吻部看起来很像鸭子那又宽又扁的嘴而得名。它们的'鸭嘴'里密密麻麻地长着上千颗牙齿，是牙齿最多的恐龙！"

罗胖若有所思地说："鸭嘴龙有如此与众不同的嘴巴，牙齿又这么多，一定特别能吃肉！"

安东尼奥摇摇头："不！鸭嘴龙是非常典型的植食性恐龙。它们的后腿与长长的尾巴可以构成类似于三脚架的稳定结构，能够支撑其笨重的躯体。

它们的前肢较为短小，可以抓取树上的枝叶。鸭嘴龙虽然是恐龙家族的晚辈，却是演化得比较成功的鸟脚类恐龙。在白垩纪晚期，它们的种群非常繁荣。"

艾米丽有点疑惑："鸭嘴龙没有护甲和角，看起来还很笨重，奔跑速度也不快，没有什么优势，为什么种群会这样繁盛呢？"

安东尼奥解释道："一是鸭嘴龙奔跑的耐力比较强，如果进行长距离奔跑，肉食性恐龙根本不是它们的对手；二是鸭嘴龙是一种群居性动物，这就意味着有许多双眼睛和耳朵在警惕地观察着四周，很容易让它们发现靠近的捕食者；三是鸭嘴龙会尽心尽力地抚育后代，后代的成活率高，数量自然越来越多。"

参观完研究所装架的恐龙化石，安东尼奥开着拖拉机返回了戈壁。我和汉斯产生了一个想法——动手装架我们找到的伶盗龙化石，并且就开始行动了。

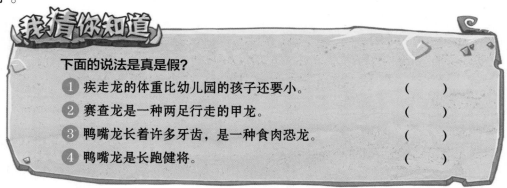

我猜你知道

下面的说法是真是假？

1. 疾走龙的体重比幼儿园的孩子还要小。　　　　　（　　　）

2. 赛查龙是一种两足行走的甲龙。　　　　　　　　（　　　）

3. 鸭嘴龙长着许多牙齿，是一种食肉恐龙。　　　　（　　　）

4. 鸭嘴龙是长跑健将。　　　　　　　　　　　　　（　　　）

小宝、罗胖和艾米丽第一次看我和汉斯联手装架化石，紧张得几乎屏住了呼吸。这反而让我和汉斯有一点紧张。

虽然我们这次找到了很多伶盗龙化石，但是这些化石大多数是碎骨化石，且石化程度较高，质地偏硬、偏脆，上面有裂痕，有些还残缺不全。在这样的情况下，我们需要做大量的清理和修复工作。我拿着钢锯一点一点地把皮劳克锯开，然后汉斯用手锤小心翼翼地把围岩敲掉。

之后，我们对现有的骨骼化石进行了整理。对于伶盗龙缺失的颈骨、尾骨等部分，我和汉斯依照对伶盗龙结构的了解进行"补全"——用石膏填补

缺失部分，然后使用固体颗粒胶加固化石。小宝认认真真地看了全过程，没有落下任何细节。他向我问道："爸爸，你和汉斯叔叔就像是恐龙医院的医生，把恐龙残破的骨头'治好'了。但是，这个过程有点枯燥、漫长，你们不觉得累吗？"

我回答："我们很开心。每块恐龙化石都有一段未知的故事。探索它们，和它们'对话'，有着无穷的乐趣。"

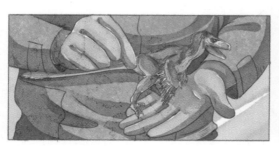

在拼搭环节，我和汉斯先模拟伶盗龙生前的体态画出造型图纸，再按图纸焊好钢架，接着把恐龙骨骼装配上去。栩栩如生的恐龙骨架造型出现在我们眼前。这个环节孩子们很喜欢，因为有点像拼装玩具。

一个星期后，伶盗龙的骨架大致成型，孩子们特别激动。他们虽然没有参与这次装架工作，但是亲眼看到自己千辛万苦挖掘回来的一堆堆化石变成一具漂亮的伶盗龙骨架化石，成就感油然而生。

完成啦！

小宝一副如释重负的表情："我终于可以自称为恐龙化石专家了。"

罗胖握住小宝的手："恭喜你，小宝专家！你的称号终于名副其实了。"

"可惜缺一个原角龙骨架化石，不然我们就能做一个伶盗龙大战原角龙的场景了！"艾米丽遗憾地说。

"这个想法也许可以实现哟！我和张这几天又连夜组装了一具原角龙的骨架模型，主体部分已经做好了，还剩四肢没有拼装上去。你们愿不愿意做这个收尾工作啊？"

这是个"恐龙乐高"吗？

"当然愿意！爸爸，你真好！"说着艾米丽就亲吻了汉斯的额头。

"艾米丽，我们一起完成这个伟大的工作！"罗胖兴奋地说。

"好的，合作愉快！"艾米丽说完就在罗胖的脸颊上亲了一下。罗胖的脸红得像猴屁股一样，引得小宝大笑起来。

很快，原角龙的骨架模型装好了。这意味着探险小队的成员们即将分别。此时，艾米丽突然伤心地哭了起来。

小宝安慰着艾米丽："你不是一直想看伶盗龙大战原角龙吗？咱们做的

这个原角龙骨架只是个模型，希望下次我们把这个模型换成真正的原角龙骨架化石！"

我们约定 10 年后在这里重聚。

"好主意！到时候我一定会作为见证人出现在这里的！"罗胖拍着小宝的肩膀说。

"10 年后我和汉斯也会见证这一时刻。"我对孩子们说。

汉斯点点头："恐龙是一种曾经生活在地球上的神奇生物。它们连接着地球的过去与现在。我相信，恐龙也连接着生活在不同国家与城市的我们。"

我和汉斯的手紧紧地握在一起："后会有期！"

孩子们也把小手搭了过来，用稚嫩的声音说道："后会有期！"

8. A

11. 伶盗龙化石、原角龙化石、窃蛋龙化石

13. B

17. √ × × ×

29. √ × × √

35. D

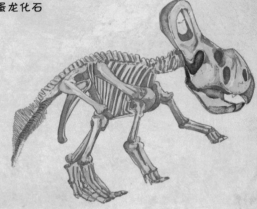

41. √ × × √

45. B

51. C

54. C

60. C

65. 三趾形　圆形或卵形

75. × × √

77. D
84. ✓ × ✓
95. × × ✓ ×
99. × × ✓
109. A
116. ✓ × × ✓